高等院校课程设计案例精编

U0268250

Adobe After Effects CC
影视后期设计与制作
经典课堂

周晓姝　　岳梦雯　编著

清華大学出版社

北 京

内容简介

After Effects 是美国 Adobe 公司推出的高端视频特效系统合成软件。本书共 11 章，包括 After Effects CC 2018 基础操作——制作海报文字动画片头、制作关键帧动画——餐厅电子菜单动画、蒙版的使用——摩托车宣传片、3D 图层——爱在七夕片头动画、文字效果——金属文字动画效果、After Effects CC 2018 图片特效——镜头切换效果、After Effects CC 2018 图像调色——复古怀旧蝴蝶动画效果、抠取图像——唱响中国宣传片、仿真特效——下雨效果、After Effects CC 2018 综合案例——魅力青岛宣传片、After Effects CC 2018 综合案例——婚纱摄影宣传广告，并穿插介绍了大量工作经验和操作技巧。

本书可作为应用型本科、高职高专院校数字艺术、影视编辑、多媒体等相关专业 After Effects 课程教材，也可供想从事影视编辑的人员自学使用。

图书在版编目(CIP)数据

Adobe After Effects CC 影视后期设计与制作经典课堂 / 周晓姝，岳梦雯编著. —北京：清华大学出版社，2019（2021.7 重印）

（高等院校课程设计案例精编）

ISBN 978-7-302-52037-5

Ⅰ.①A… Ⅱ.①周… ②岳… Ⅲ.①图像处理软件—课程设计—高等学校—教学参考资料 Ⅳ.①TP391.413

中国版本图书馆CIP数据核字（2019）第008522号

责任编辑：李玉茹
封面设计：杨玉兰
责任校对：周剑云
责任印制：宋　林
出版发行：清华大学出版社
　　　　　网　　址：http://www.tup.com.cn，http://www.wqbook.com
　　　　　地　　址：北京清华大学学研大厦A座　　　　　邮　　编：100084
　　　　　社 总 机：010-62770175　　　　　邮　　购：010-62786544
　　　　　投稿与读者服务：010-62776969，c-service@tup.tsinghua.edu.cn
　　　　　质量反馈：010-62772015，zhiliang@tup.tsinghua.edu.cn
印 装 者：涿州汇美亿浓印刷有限公司
经　　销：全国新华书店
开　　本：185mm×260mm　　　印　　张：18.75　　　字　　数：456千字
版　　次：2019年7月第1版　　　印　　次：2021年7月第 4 次印刷
定　　价：69.00 元

产品编号：081702-01

FOREWORD
前　言

After Effects CC 2018 中文版简介

　　Adobe After Effects CC 2018 软件是为动态图形图像、网页设计人员以及专业的电视后期编辑人员提供的一款功能强大的影视后期特效软件。其简单友好的工作界面，方便快捷的操作方式，使得视频编辑进入家庭成为可能。从普通的视频处理到高端的影视特技，After Effects 都能应付自如。

　　Adobe After Effects CC 2018 可以帮助用户高效、精确地创建各种引人注目的动态图形和视觉效果。利用与其他 Adobe 软件的紧密集成，高度灵活的 2D、3D 合成，以及数百种预设的效果和动画，能为电影、视频、DVD 和 Macromedia Flash 作品增添令人激动的效果。其全新设计的流线型工作界面，全新的曲线编辑器都将为您带来耳目一新的感受。

　　Adobe After Effects CC 2018 较之旧版本有了较大升级，通过基础知识与实例相结合的学习方式，可让读者以最有效的方式尽快掌握 Adobe After Effects CC 2018。

本书内容介绍

　　本书以循序渐进的方式，全面介绍了 Adobe After Effects CC 2018 中文版的基本操作和各项功能，详尽说明了各种工具的使用，细致解析了视频的制作及创作技巧。本书实例丰富，步骤清晰，实践性强。具体内容如下。

　　第 1 章主要介绍了 After Effects CC 2018 的基础操作，例如：项目操作、合成操作、在项目中导入素材等。这些操作都是在使用 After Effects CC 2018 进行复杂合成制作之前所必须掌握的。

　　第 2 章主要介绍了关键帧在视频动画中的创建、编辑和应用，以及与关键帧动画相关的动画控制功能。

　　第 3 章主要对蒙版的创建、编辑蒙版形状、【蒙版】属性设置以及遮罩特效进行了介绍。

第 4 章对 After Effects CC 2018 的三维合成功能做了具体介绍。在 After Effects CC 2018 中可以将二维图层转换为 3D 图层，以更好地把握画面的透视关系和最终的画面效果。

第 5 章介绍文字的创建及使用。讲解了表达式的创建与编辑，以使复杂的操作简单化。

第 6 章主要讲解扭曲特效和透视特效，通过扭曲特效可以制作出波浪、放大镜、扭曲变形而成的特殊效果，通过透视特效可以将二维图像制作出具有三维深度的特殊效果。

第 7 章主要讲解图像调色，通过对图像的明暗、对比度、饱和度以及色相的调整，达到改善图像质量的目的，以更好地控制影片的色彩信息，制作出更加理想的视频画面效果。

第 8 章主要介绍了利用各种特效抠取图像的方法，包括【亮度键】特效、【提取】特效等。

第 9 章主要介绍了仿真特效，包括【碎片】特效、【焦散】特效、【泡沫】特效等，这些特效功能强大、参数众多，可制作出逼真的效果。

第 10 和 11 章介绍了使用 After Effects CC 2018 制作的两个大型综合案例，案例将很多技术点融合在一起综合运用，使读者能更全面、更熟练地掌握技术要领，且学会一种创作思路，可根据要求制作出不同的作品。

本书约定 ■——————————————————————————————

本书以 Windows 7 为操作平台，不涉及在苹果机上的使用，但基本功能和操作，苹果机与 PC 相同。为便于阅读理解，本书作如下约定。

- 本书中出现的中文菜单和命令将用"【】"括起来，以区分其他中文信息。
- 用"+"号连接的两个或三个键，表示组合键，在操作时表示同时按下这两个或三个键。例如，Ctrl+V 是指在按下 Ctrl 键的同时，按下 V 字母键；Ctrl+Alt+F10 是指在按下 Ctrl 和 Alt 键的同时，按下功能键 F10。
- 在没有特殊指定时，单击、双击和拖动是指用鼠标左键单击、双击和拖动；右击是指用鼠标右键单击。

配套资源获取方式 ■——————————————————————————

需要获取本书配套实例、教学视频的教师可以发送邮件至 619831182@qq.com 或添加微信号 DSSF007 回复"经典课堂"，制作者会在第一时间将其发至您的邮箱。

本书几大优点 ■————————————————————————————

- 内容全面。覆盖了 After Effects CC 2018 中文版所有选项和命令。
- 语言通俗易懂，讲解清晰，前后呼应。
- 实例丰富，技术含量高，与实践紧密结合。
- 版面美观，图例清晰，且具有针对性。

本书由周晓姝（辽宁省交通高等专科学校）、岳梦雯（云南能源职业技术学院）编写，其中周晓姝编写第 1、2、4、6、8、9、11 章，岳梦雯编写第 3、5、7、10 章和附录。在写作过程中始终坚持严谨细致的态度，力求精益求精。由于时间有限，书中疏漏之处在所难免，希望读者朋友批评指正。

编　者

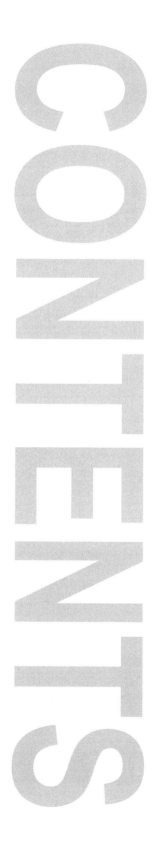

CONTENTS
目 录

CHAPTER / 01

After Effects CC 2018 基础操作——制作海报文字动画片头

【入门必练】制作海报文字 ……………………………………………… 2

1.1 After Effects CC 2018 的工作界面 ………………………… 4

1.2 After Effects CC 2018 的工作区及工具栏 …………………… 5

1.2.1 【项目】面板 …………………………………………… 5

1.2.2 【合成】面板 …………………………………………… 6

1.2.3 【图层】面板 …………………………………………… 9

1.2.4 【时间轴】面板 ………………………………………… 9

1.2.5 工具栏 ……………………………………………… 10

1.2.6 【信息】面板 …………………………………………… 10

1.2.7 【音频】面板 …………………………………………… 10

1.2.8 【预览】面板 …………………………………………… 11

1.2.9 【效果和预设】面板 …………………………………… 11

1.2.10 【流程图】面板 ……………………………………… 12

1.3 界面的布局 ……………………………………………… 12

1.4 设置工作界面 …………………………………………… 13

1.4.1 改变工作界面中区域的大小 ………………………… 13

1.4.2 浮动或停靠面板 ……………………………………… 14

1.4.3 自定义工作界面 ……………………………………… 15

1.4.4 删除工作界面方案 …………………………………… 16

1.4.5 为工作界面设置快捷键 ……………………………… 16

1.5 项目操作 ………………………………………………… 17

1.5.1 新建项目 ……………………………………………… 17

1.5.2 打开已有项目 ………………………………………… 18

1.5.3 保存项目 ……………………………………………… 19

1.5.4 关闭项目 ……………………………………………… 19

1.6 合成操作 ………………………………………………… 20

1.6.1 新建合成 ……………………………………………… 20

1.6.2 合成的嵌套 …………………………………………… 21

1.7 在项目中导入素材 ……………………………………… 21

1.7.1 导入素材的方法 ……………………………………… 21

1.7.2 导入单个素材文件 ……………………………………… 22
1.7.3 导入多个素材文件 ……………………………………… 22
1.7.4 导入序列图片 ………………………………………… 23
1.7.5 导入 Photoshop 文件 …………………………………… 25

自己练………………………………………………………… **26**
项目练习 1：导入 PSD 分层素材 ……………………………… 26
项目练习 2：利用纯色图层制作背景 …………………………… 26

CHAPTER / 02
制作关键帧动画——餐厅电子菜单动画

【入门必练】餐厅电子菜单动画…………………………… **28**

2.1 关键帧的概念 ………………………………………… **39**

2.2 关键帧基础操作 ……………………………………… **40**
2.2.1 锚点设置 ……………………………………………… 40
2.2.2 创建图层位置关键帧动画 …………………………… 41
2.2.3 创建图层缩放关键帧动画 …………………………… 42
2.2.4 创建图层旋转关键帧动画 …………………………… 42
2.2.5 创建图层淡入动画 …………………………………… 43

2.3 编辑关键帧 …………………………………………… **44**
2.3.1 选择关键帧 …………………………………………… 44
2.3.2 移动关键帧 …………………………………………… 45
2.3.3 复制关键帧 …………………………………………… 46
2.3.4 删除关键帧 …………………………………………… 47
2.3.5 改变显示方式 ………………………………………… 47

2.4 动画控制 ……………………………………………… **48**
2.4.1 关键帧插值 …………………………………………… 48
2.4.2 使用关键帧辅助 ……………………………………… 50
2.4.3 速度控制 ……………………………………………… 52
2.4.4 时间控制 ……………………………………………… 54
2.4.5 动态草图 ……………………………………………… 55
2.4.6 平滑运动 ……………………………………………… 56
2.4.7 增加动画随机性 ……………………………………… 56

自己练………………………………………………………… **58**
项目练习 1：利用关键帧制作不透明度动画 …………………… 58
项目练习 2：利用关键帧制作海报动画 ………………………… 58

CHAPTER / 03
蒙版的使用——摩托车宣传片

【入门必练】摩托车宣传片……………………………… **60**

3.1 认识蒙版 ……………………………………………… **78**

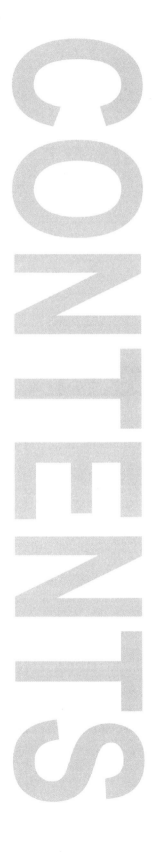

3.2 创建蒙版 ······ 78
   3.2.1 使用【矩形工具】创建蒙版 ······ 79
   3.2.2 使用【圆角矩形工具】创建蒙版 ······ 79
   3.2.3 使用【椭圆工具】创建蒙版 ······ 79
   3.2.4 使用【多边形工具】创建蒙版 ······ 80
   3.2.5 使用【星形工具】创建蒙版 ······ 80
   3.2.6 使用【钢笔工具】创建蒙版 ······ 80

3.3 编辑蒙版形状 ······ 81
   3.3.1 选择顶点 ······ 81
   3.3.2 移动顶点 ······ 82
   3.3.3 添加 / 删除顶点 ······ 82
   3.3.4 顶点的转换 ······ 83
   3.3.5 蒙版羽化 ······ 84

3.4 【蒙版】属性设置 ······ 84
   3.4.1 锁定蒙版 ······ 85
   3.4.2 蒙版的混合模式 ······ 85
   3.4.3 反转蒙版 ······ 87
   3.4.4 蒙版路径 ······ 87
   3.4.5 蒙版羽化 ······ 88
   3.4.6 蒙版不透明度 ······ 89
   3.4.7 蒙版扩展 ······ 89

3.5 多蒙版操作 ······ 90
   3.5.1 多蒙版的选择 ······ 90
   3.5.2 蒙版的排序 ······ 90

3.6 遮罩特效 ······ 91
   3.6.1 调整实边遮罩 ······ 91
   3.6.2 调整柔和遮罩 ······ 92
   3.6.3 mocha shape ······ 94
   3.6.4 遮罩阻塞工具 ······ 94
   3.6.5 简单阻塞工具 ······ 95

自己练 ······ 96
   项目练习 1：制作手写文字 ······ 96
   项目练习 2：制作撕裂效果 ······ 96

CHAPTER / 04

3D 图层——爱在七夕片头动画

【入门必练】爱在七夕片头动画 ······ 98

4.1 了解 3D ······ 100

4.2 三维空间合成的工作环境 ······ 100

4.3 坐标体系 ······ 101

4.4 3D 图层的基本操作 ······ 102

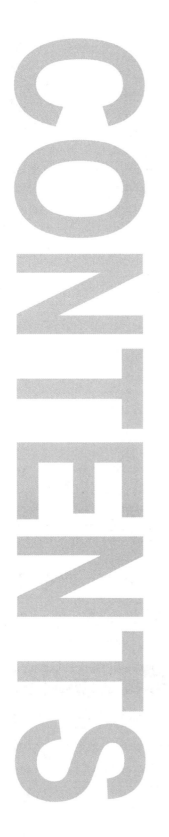

4.4.1　创建 3D 图层 ┄┄┄┄┄┄┄┄┄┄┄┄┄┄ 102
4.4.2　移动 3D 图层 ┄┄┄┄┄┄┄┄┄┄┄┄┄┄ 102
4.4.3　缩放 3D 图层 ┄┄┄┄┄┄┄┄┄┄┄┄┄┄ 102
4.4.4　旋转 3D 图层 ┄┄┄┄┄┄┄┄┄┄┄┄┄┄ 103
4.4.5　【材质选项】属性 ┄┄┄┄┄┄┄┄┄┄┄ 103
4.4.6　3D 视图 ┄┄┄┄┄┄┄┄┄┄┄┄┄┄┄┄┄ 105

4.5　灯光的应用 ┄┄┄┄┄┄┄┄┄┄┄┄┄┄ **107**
4.5.1　创建灯光 ┄┄┄┄┄┄┄┄┄┄┄┄┄┄┄┄┄ 107
4.5.2　灯光类型 ┄┄┄┄┄┄┄┄┄┄┄┄┄┄┄┄┄ 107
4.5.3　灯光的属性 ┄┄┄┄┄┄┄┄┄┄┄┄┄┄┄┄ 108

4.6　摄像机的应用 ┄┄┄┄┄┄┄┄┄┄┄┄ **110**
4.6.1　参数设置 ┄┄┄┄┄┄┄┄┄┄┄┄┄┄┄┄┄ 110
4.6.2　使用工具控制摄像机 ┄┄┄┄┄┄┄┄┄┄ 111

自己练 ┄┄┄┄┄┄┄┄┄┄┄┄┄┄┄┄┄┄┄┄ **112**
项目练习 1：制作旋转立体盒子 ┄┄┄┄┄┄┄ 112
项目练习 2：制作旋转文字效果 ┄┄┄┄┄┄┄ 112

CHAPTER / 05

文字效果——金属文字动画效果

【入门必练】金属文字动画效果 ┄┄┄┄┄┄ **114**

5.1　文字的创建与设置 ┄┄┄┄┄┄┄┄┄ **121**
5.1.1　创建文字 ┄┄┄┄┄┄┄┄┄┄┄┄┄┄┄┄┄ 121
5.1.2　修改文字 ┄┄┄┄┄┄┄┄┄┄┄┄┄┄┄┄┄ 121
5.1.3　修饰文字 ┄┄┄┄┄┄┄┄┄┄┄┄┄┄┄┄┄ 124

5.2　路径文字与轮廓线 ┄┄┄┄┄┄┄┄┄ **128**
5.2.1　路径文字 ┄┄┄┄┄┄┄┄┄┄┄┄┄┄┄┄┄ 128
5.2.2　轮廓线 ┄┄┄┄┄┄┄┄┄┄┄┄┄┄┄┄┄┄┄ 130

5.3　文字特效 ┄┄┄┄┄┄┄┄┄┄┄┄┄┄┄ **130**
5.3.1　【基本文字】特效 ┄┄┄┄┄┄┄┄┄┄┄ 130
5.3.2　【路径文本】特效 ┄┄┄┄┄┄┄┄┄┄┄ 132
5.3.3　【编号】特效 ┄┄┄┄┄┄┄┄┄┄┄┄┄┄ 134
5.3.4　【时间码】特效 ┄┄┄┄┄┄┄┄┄┄┄┄ 135

5.4　文本动画 ┄┄┄┄┄┄┄┄┄┄┄┄┄┄┄ **136**
5.4.1　动画控制器 ┄┄┄┄┄┄┄┄┄┄┄┄┄┄┄┄ 136
5.4.2　预置动画 ┄┄┄┄┄┄┄┄┄┄┄┄┄┄┄┄┄ 140

5.5　表达式 ┄┄┄┄┄┄┄┄┄┄┄┄┄┄┄┄┄ **141**
5.5.1　认识表达式 ┄┄┄┄┄┄┄┄┄┄┄┄┄┄┄┄ 141
5.5.2　创建与编辑表达式 ┄┄┄┄┄┄┄┄┄┄┄ 142

自己练 ┄┄┄┄┄┄┄┄┄┄┄┄┄┄┄┄┄┄┄┄ **144**
项目练习 1：制作卡通文字动画 ┄┄┄┄┄┄┄ 144
项目练习 2：制作光晕文字动画 ┄┄┄┄┄┄┄ 144

CHAPTER / 06

After Effects CC 2018 图片特效——镜头切换效果

【入门必练】镜头切换效果 ························· **146**

6.1 扭曲特效 ··································· **152**

6.1.1 CC Bend It（CC 两点扭曲特效） ············· 152
6.1.2 CC Bender（CC 弯曲器特效） ··············· 153
6.1.3 CC Blobbylize（CC 融化溅落点特效） ········· 153
6.1.4 CC Flo Motion（CC 液化流动特效） ·········· 155
6.1.5 CC Griddler（CC 网格变形特效） ··········· 155
6.1.6 CC Lens（CC 透镜特效） ················· 156
6.1.7 CC Page Turn（CC 卷页特效） ············· 157
6.1.8 CC Power Pin（CC 动力角特效） ············ 158
6.1.9 CC Ripple Pulse（CC 涟漪扩散特效） ········· 158
6.1.10 CC Slant（CC 倾斜特效） ················ 158
6.1.11 CC Smear（CC 涂抹特效） ··············· 159
6.1.12 CC Split（CC 分割特效）与 CC Split2（CC 分割 2 特效） ······ 160
6.1.13 CC Tiler（CC 平铺特效） ················ 160
6.1.14 【贝塞尔曲线变形】特效 ················· 161
6.1.15 【边角定位】特效 ···················· 161
6.1.16 【变换】特效 ······················· 162
6.1.17 【变形】特效 ······················· 163
6.1.18 【变形稳定器 VFX】特效 ················ 163
6.1.19 【波纹】特效 ······················· 164
6.1.20 【波形变形】特效 ···················· 165
6.1.21 【放大】特效 ······················· 165
6.1.22 【改变形状】特效 ···················· 166
6.1.23 【光学补偿】特效 ···················· 166
6.1.24 【果冻效应修复】特效 ·················· 167
6.1.25 【极坐标】特效 ······················ 167
6.1.26 【镜像】特效 ······················· 168
6.1.27 【偏移】特效 ······················· 168
6.1.28 【球面化】特效 ······················ 168
6.1.29 【凸出】特效 ······················· 169
6.1.30 【湍流置换】特效 ···················· 169
6.1.31 【网格变形】特效 ···················· 170
6.1.32 【旋转扭曲】特效 ···················· 171
6.1.33 【液化】特效 ······················· 171
6.1.34 【置换图】特效 ······················ 173
6.1.35 【漩涡条纹】特效 ···················· 173

6.2 透视特效 ··································· **174**

6.2.1 3D 摄像机跟踪器特效 ··················· 174
6.2.2 3D 眼镜特效 ························· 175
6.2.3 CC Cylinder（CC 圆柱体）特效 ············· 175
6.2.4 CC Sphere（CC 球）特效 ················· 176

6.2.5　CC Spotlight（CC 聚光灯）特效 ································ 177

6.2.6　边缘斜面特效 ·· 178

6.2.7　径向阴影特效 ·· 178

6.2.8　投影特效 ·· 179

6.2.9　斜面 Alpha 特效 ··· 179

自己练 ··· **180**

项目练习 1：制作流光线条动画 ··· 180

项目练习 2：制作水面波纹效果 ··· 180

CHAPTER / 07

After Effects CC 2018 图像调色——复古怀旧蝴蝶动画效果

【入门必练】复古怀旧蝴蝶动画效果 ································· **182**

7.1　颜色校正特效 1 ··· **186**

7.1.1　【CC Color Offset（CC 色彩偏移）】特效 ····················· 187

7.1.2　【CC Color Neutralizer（CC 彩色中和器）】特效 ··············· 188

7.1.3　【CC Kernel（CC 内核）】特效 ································· 188

7.1.4　【CC Toner（CC 调色）】特效 ································· 188

7.1.5　【PS 任意映射】特效 ·· 189

7.2　颜色校正特效 2 ··· **189**

7.2.1　【保留颜色】特效 ··· 189

7.2.2　【更改为颜色】特效 ··· 189

7.2.3　【更改颜色】特效 ··· 190

7.2.4　【广播颜色】特效 ··· 191

7.2.5　【黑色和白色】特效 ··· 191

7.2.6　【灰度系数 / 基值 / 增益】特效 ···································· 192

7.2.7　【可选颜色】特效 ··· 192

7.2.8　【亮度和对比度】特效 ··· 192

7.2.9　【曝光度】特效 ·· 193

7.2.10　【曲线】特效 ·· 193

7.2.11　【三色调】特效 ·· 194

7.2.12　【色调】特效 ·· 194

7.2.13　【色调均化】特效 ·· 194

7.2.14　【色光】特效 ·· 195

7.2.15　【色阶】特效 ·· 196

7.2.16　【色阶（单独控件）】特效 ·· 197

7.2.17　【色相 / 饱和度】特效 ·· 197

7.2.18　【通道混合器】特效 ·· 198

7.2.19　【颜色链接】特效 ·· 199

7.2.20　【颜色平衡】特效 ·· 199

7.2.21　【颜色平衡（HLS）】特效 ·· 200

7.2.22　【颜色稳定器】特效 ·· 200

7.2.23　【阴影 / 高光】特效 ·· 201

7.2.24 【照片滤镜】特效 ·················· 201
7.2.25 【自动对比度】特效 ·················· 202
7.2.26 【自动色阶】特效 ·················· 202
7.2.27 【自动颜色】特效 ·················· 202
7.2.28 【自然饱和度】特效 ·················· 203
7.2.29 【Lumetri 颜色】特效 ·················· 203

自己练 ······························· **204**
项目练习 1：制作暖光效果 ·················· 204
项目练习 2：更换背景风格 ·················· 204

CHAPTER / 08
抠取图像——唱响中国宣传片

【入门必练】唱响中国宣传片 ············· **206**

8.1 键控特效 1 ······························· **215**
8.1.1 【CC Simple Wire Removal（擦钢丝）】特效 ·········· 215
8.1.2 【Keylight（1.2）】特效 ··················· 215
8.1.3 【差值遮罩】特效 ···················· 216
8.1.4 【亮度键】特效 ···················· 216
8.1.5 【内部 / 外部键】特效 ··············· 217
8.1.6 【提取】特效 ···················· 217

8.2 键控特效 2 ······························· **218**
8.2.1 【线性颜色键】特效 ···················· 218
8.2.2 【颜色差值键】特效 ···················· 219
8.2.3 【颜色范围】特效 ···················· 219
8.2.4 【颜色键】特效 ···················· 220
8.2.5 【溢出抑制】特效 ···················· 221

自己练 ······························· **222**
项目练习 1：更换天空背景 ·················· 222
项目练习 2：黑夜蝙蝠动画 ·················· 222

CHAPTER / 09
仿真特效——下雨效果

【入门必练】制作雷雨效果 ················· **224**

9.1 CC Rainfall(CC 下雨特效） ············· **228**

9.2 CC Snowfall(CC 下雪特效） ············· **229**

9.3 CC Pixel Polly(CC 像素多边形特效） ······ **230**

9.4 CC Bubbles(CC 气泡特效） ············· **230**

9.5 CC Scatterize(CC 散射特效) ·· 231

9.6 CC Star Burst(CC 星爆特效) ·· 231

9.7 卡片动画特效 ··· 232

9.8 碎片特效 ··· 233

9.9 焦散特效 ··· 236

9.10 泡沫特效 ·· 239

自己练 ··· 242

项目练习 1：制作气泡效果 ·· 242
项目练习 2：制作粒子运动效果 ·· 242

CHAPTER / 10

After Effects CC 2018 综合案例——魅力青岛宣传片

10.1 导入素材 ··· 244

10.2 创建视频动画 ··· 244

10.3 创建过渡动画 ··· 246

10.4 创建文字动画 ··· 249

10.5 创建青岛宣传片动画 ·· 253

10.6 制作遮罩、光晕动画 ·· 260

10.7 最终动画 ··· 262

CHAPTER / 11

After Effects CC 2018 综合案例——婚纱摄影宣传广告

11.1 导入素材并制作照片合成 ··· 266

11.2 创建照片动画 ··· 268

11.3 创建婚礼宣传片动画 ·· 274

附录

After Effects CC 2018 常用快捷键

CHAPTER 01

After Effects CC 2018
基础操作——制作海报文
字动画片头

本章概述 SUMMARY

本章主要介绍 After Effects CC 2018 的工作界面以及工作区，讲解了一些基本操作，使用户逐渐熟悉这款软件。

■ 基础知识
【项目】面板   【时间轴】面板
■ 重点知识
界面的布局   设置工作界面
■ 提高知识
项目操作   导入素材文件

案例预览

海报文字

导入 PSD 分层素材

利用纯色图层制作背景

【入门必练】制作海报文字

本案例介绍利用文字图层制作海报文字，首先导入素材，然后在【时间轴】面板中进行创建，效果如图 1-1 所示。

图 1-1　利用文字图层制作海报文字

具体操作步骤如下。

01 在【项目】面板中右击鼠标，在弹出的快捷菜单中选择【新建合成】命令，如图 1-2 所示。

02 在弹出的【合成设置】对话框中将【名称】设置为【海报文字】，将【宽度】【高度】分别设置为 1373、544，将【像素长宽比】设置为【方形像素】，将【帧速率】设置为 25，将【分辨率】设置为【完整】，将【持续时间】设置为 0:00:06:00，将【背景颜色】的 RGB 值设置为 0、0、0，单击【确定】按钮，如图 1-3 所示。

图 1-2　选择【新建合成】命令　　　　　图 1-3　设置合成参数

03 在【项目】面板中双击鼠标，在弹出的【导入文件】对话框中选择随书配套资源中的素材文件，单击【导入】按钮，如图 1-4 所示。

04 按住鼠标将其拖曳至【时间轴】面板中，将当前时间设置为 0:00:00:00，在【时间轴】面板中将【缩放】设置为 279，单击左侧的【时间变化秒表】按钮，如图 1-5 所示。

图 1-4　选择素材文件　　　　　　　　　图 1-5　设置缩放参数

05 在【时间轴】面板中将当前时间设置为 0:00:04:13，将【缩放】设置为 103，如图 1-6 所示。

06 在【时间轴】面板中右击鼠标，在弹出的快捷菜单中选择【新建】|【文本】命令，如图 1-7 所示。

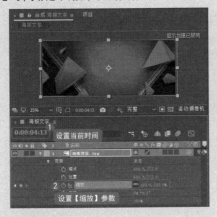

图 1-6 设置【缩放】参数

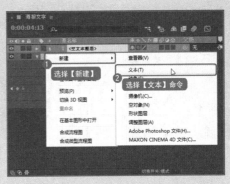

图 1-7 选择【文本】命令

07 输入文字并选中，在【字符】面板中将字体设置为【汉仪雪峰体简】，将字体大小设置为 150，将字符间距设置为 20，将字体颜色的 RGB 值设置为 237、110、0，单击【仿斜体】按钮 T，如图 1-8 所示。

08 在【时间轴】面板中将当前时间设置为 0:00:03:00，将【锚点】设置为 −300、50，将【位置】设置为 742.5、292，将【缩放】设置为 1720，并单击左侧的【时间变化秒表】按钮，如图 1-9 所示。

图 1-8 设置文字参数

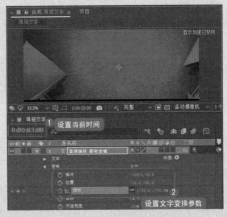

图 1-9 设置变换参数

> **提示一下**
>
> 　　【锚点】【位置】：设置文字的位置。其中【锚点】主要设置文字轴心点的位置，在对文字进行缩放、旋转等操作时均是以文字轴心点进行。

09 将当前时间设置为 0:00:04:13，在【时间轴】面板中将【缩放】设置为 100，如图 1-10 所示。

10 在【时间轴】面板中选择文字图层，按 Ctrl+C 组合键进行复制，按 Ctrl+V 组合键进行粘贴，如图 1-11 所示。

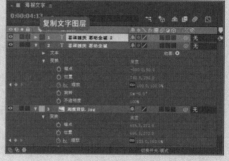

图 1-10　设置【缩放】参数　　　　　　　　　　图 1-11　复制粘贴对象

11 选择粘贴后的对象，在【字符】面板中将字体颜色的 RGB 值设置为 237、223、0，如图 1-12 所示。

12 在【时间轴】面板中将【位置】设置为 732.5、284，如图 1-13 所示。

图 1-12　设置文字颜色　　　　　　　　　　图 1-13　设置【位置】参数

1.1　After Effects CC 2018 的工作界面

　　Adobe After Effects CC 2018 软件的工作界面给人的第一感觉是界面更暗，减少了面板的圆角，更具紧凑感。界面依然沿用面板随意组合、泊靠的模式，为操作带来了很大的便利性。

　　在 Windows 7 操作系统下，选择【开始】|【所有程序】| Adobe After Effects CC 2018 命令，或在桌面上双击该软件的图标■均可运行 Adobe After Effects CC 2018 软件，启动界面如图 1-14 所示。

　　软件启动后，会弹出【开始】对话框，可通过该对话框新建项目、打开项目等，如图 1-15 所示。

　　启动软件后，将自动新建一个项目文件，After Effects CC 的默认工作界面主要包括菜单栏、工具栏、【项目】面板、【合成】面板、【时间轴】面板、【信息】面板、【音频】面板、【预览】面板、【效果和预设】面板等，如图 1-16 所示。

图 1-14　Adobe After Effects CC 2018 的启动界面

图 1-15　【开始】对话框

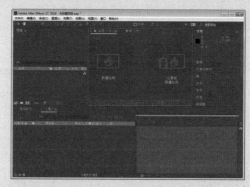

图 1-16　After Effects CC 2018 工作界面

1.2　After Effects CC 2018 的工作区及工具栏

在学习 After Effects CC 2018 之前，首先要熟悉其工作区以及工具栏中的各个工具，本节将介绍 After Effects CC 2018 的工作区和工作栏。

■ 1.2.1　【项目】面板

【项目】面板用于管理导入到 After Effects CC 2018 中的各种素材以及通过 After Effects CC 2018 创建的图层，如图 1-17 所示。

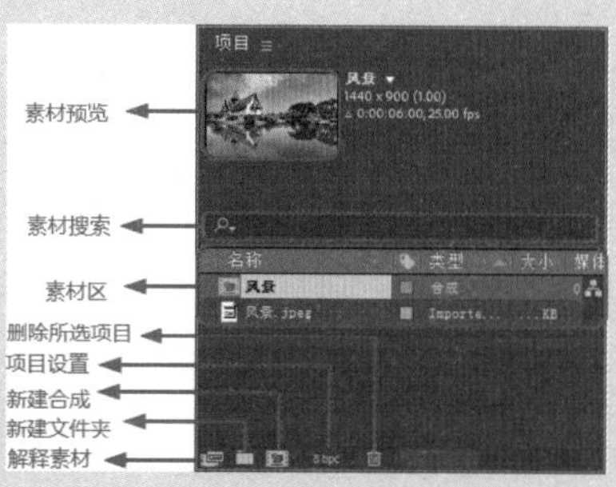

- 素材预览：当在【项目】面板中选择某个素材时，在预览面板中会显示当前素材的画面，在预览面板右侧会显示当前选中素材的详细资料，包括文件名、文件类型等。
- 素材搜索：当【项目】面板存有很多素材时，寻找会很麻烦，此时可利用该功能。如在当前查找框内输入 B，素材区会显示所有名字中包含字母 B 的素材。输入的字母不区分大小写。
- 素材区：所有导入的素材和在 After Effects CC 2018 中建立的图层都会在这里显示。需要注意的是合成也会出现在素材区，作为素材被其他合成使用。

图 1-17　【项目】面板

- 删除所选项目：删除某个素材可以使用该按钮，使用该按钮删除素材的方法有两种：一种是拖曳想要删除的素材到这个按钮上，另一种就是选中想要删除的素材，然后单击该按钮。
- 项目设置：单击 8 bpc 按钮，弹出【项目设置】对话框，在该对话框中可以对项目进行个性化设置。
- 新建合成：要开始工作就必须先建立一个合成，所有的操作都是在合成里进行的。
- 新建文件夹：为了更方便地管理素材，需要对素材进行分类管理。文件夹就为分类管理提供了方便。把相同类型的素材放进一个单独的文件夹里，就可以在文件夹中快速查找到所需要的素材。
- 解释素材：当导入一些比较特殊的素材时，比如带有 Alpha 通道、序列帧图片等，需要单独对这些素材进行设置。在 After Effects CC 2018 中这种素材叫作解释素材。

提示一下

如果删除一个【合成】面板中正在使用的素材，系统会提示该素材正被使用，如图 1-18 所示。单击【删除】按钮，将从【项目】面板中删除素材，同时该素材也将从【合成】面板中删除，单击【取消】按钮，将取消删除该素材文件。

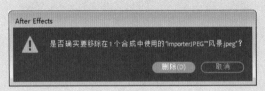

图 1-18　提示对话框

1.2.2 【合成】面板

【合成】面板是查看合成效果的地方，也可以对图层的位置等属性进行调整，如图 1-19 所示。

图 1-19　【合成】面板

1. 认识【合成】面板中的控制按钮

在【合成】面板的底部有控制按钮，这些控制按钮将帮助用户对素材项目进行交互操作，如图 1-20 所示。

图 1-20 【合成】面板中的控制按钮

各控制按钮介绍如下。

- 【始终预览此视图】 ▣ ：总是显示该视图。
- 【放大率弹出式菜单】 `25% ▾` ：单击该按钮，在弹出的下拉列表中选择素材的显示比例。

> **提示一下**
>
> 用户也可以通过滚动鼠标滚轮实现放大或是缩小素材的显示比例。

- 【选择网格和参考线选项】 ▣ ：单击该按钮，在弹出的下拉列表中选择要开启或关闭的辅助工具，如图 1-21 所示。
- 【切换蒙版和形状路径可见性】 ▱ ：如果图层中存在路径或遮罩，通过单击该按钮可以选择是否在【合成】面板中显示。
- 【当前时间（单击可编辑）】 `0:00:00:00` ：显示当前时间标尺停留的时间。单击该按钮，可以弹出【转到时间】对话框，通过在该对话框中输入时间，从而快速地转到某一个时间刻度，如图 1-22 所示。
- 【拍摄快照】 📷 ：当需要在两种效果之间进行对比时，通过快照可以先把前一个效果暂时保存在内存中，再调整下一个效果，然后进行对比。
- 【显示快照】 ⚙ ：单击该按钮，会显示上一次通过快照保存下来的效果，以方便进行对比。

图 1-21 【选择网格和参考线选项】下拉列表

图 1-22 【转到时间】对话框

- 【显示通道及色彩管理设置】 ▦ ：单击该按钮，可以在弹出的下拉列表中选择一种模式，当选择一种通道模式后，将只显示当前通道效果。当选择 Alpha 通道模式时，图像中的透明区域将以黑色显示，不透明区域将以白色显示，如图 1-23 所示。
- 【分辨率 / 向下采样系数弹出式菜单】 `完整 ▾` ：单击该按钮，在弹出的下拉列表中选择面板中图像显示的分辨率，包括完整、二分之一、三分之一、四分之一，如图 1-24 所示。分辨率越高，图像越清晰；分辨率越低，图像越模糊，但可以减少预览或渲染的时间。
- 【目标区域】 ▣ ：单击该按钮，再拖动鼠标，可以在【合成】面板中绘制一个矩形区域，系统将只显示该区域内的图像内容，如图 1-25 所示。将鼠标放在矩形区域边缘，当变为 ↖ 样式时，拖曳矩形区域则可以移动矩形区域的位置。拖曳矩形边缘的控制手柄时，可以缩放矩形区域的大小。使用该功能可以加速预览速度，在渲染图层时，只有该目标区域内的屏幕进行刷新。

- 【切换透明网格】■：默认状态下，【合成】面板的背景为黑色，单击该按钮，面板的背景将被设置为棋盘格透明模式，如图 1-26 所示。

图 1-23 【显示通道及色彩管理设置】下拉列表　　　图 1-24 图像显示分辨率选项

图 1-25 显示目标区域　　　　　　　　　　图 1-26 显示透明网格

- 【3D 视图弹出式菜单】活动摄像机 ∨：单击该按钮，在弹出的下拉列表中可以选择各种视图模式，如【正面】视图、【左侧】视图、【顶部】视图等，如图 1-27 所示。
- 【选择视图布局】1个_ ∨：单击该按钮，在弹出的下拉列表中可以选择视图的显示布局，如【1 个视图】、【2 个视图 - 水平】等，如图 1-28 所示。

图 1-27 【3D 视图弹出式菜单】下拉列表　　　图 1-28 【选择视图布局】下拉列表

- 【切换像素长宽比校正】□：单击该按钮，素材图像可以被压扁或拉伸，以矫正图像中非正方形的像素。
- 【快速预览】■：单击该按钮，在弹出的下拉列表中可以选择一种快速预览选项。
- 【时间轴】■：单击该按钮，可以转换到【时间轴】面板。
- 【合成流程图】■：单击该按钮，可以切换到【流程图】面板。

- 【重置曝光度（仅影响视图）】 ：单击该按钮，可调整【合成】面板的曝光度。

2. 向【合成】面板中加入素材

在【项目】面板中选择素材（一个或多个），然后执行下列操作之一。

- 将当前所选定的素材直接拖曳至【合成】面板中。
- 将当前所选定的素材拖曳至【时间轴】面板中。
- 将当前所选定的素材拖曳至【项目】面板中的【新建合成】按钮的上方，如图 1-29
  所示，释放鼠标，即可将该素材文件新建成一个合成文件并将其添加至【合成】面板中，
  如图 1-30 所示。

图 1-29　将素材拖曳至【新建合成】按钮上　　　图 1-30　添加至【合成】面板中的效果

> **提示一下**
>
> 　　当多个素材一起通过拖曳的方式添加到【合成】面板中时，它们的排列顺
> 序将以【项目】面板中的顺序为基准，另外这些素材中可以包含其他合成影像。

1.2.3　【图层】面板

将素材添加到【合成】面板中，在【合成】面板中双击，该素材层即可在【图层】面板中打开，
如图 1-31 所示。在【图层】面板中，可以对【合成】面板中的素材层进行剪辑、绘制遮罩、移动、
滤镜效果、控制点等操作。

图 1-31　【图层】面板

1.2.4　【时间轴】面板

【时间轴】面板提供了图层的入画、出画、图层特性控制的开关及其调整，如图 1-32 所示。

图 1-32 【时间轴】面板

■ 1.2.5　工具栏

在工具栏中罗列了各种常用工具，单击工具图标即可选中该工具，有些工具右边的小三角形符号表示存在其他隐藏工具，将鼠标放在该工具上方并按住左键，稍后会显示隐藏的工具，然后移动鼠标到所需工具上方，释放鼠标即可选中该工具。还可使用快捷键 Ctrl+1 组合键显示或隐藏工具栏，如图 1-33 所示。

图 1-33　工具栏

工具栏中的工具自左向右依次为：【选取工具】、【手形工具】、【缩放工具】、【旋转工具】、【统一摄像机工具】、【向后平移（描点）工具】、【矩形工具】、【钢笔工具】、【横排文字工具】、【画笔工具】、【仿制图章工具】、【橡皮擦工具】、【Roto 笔刷工具】、【控制点工具】。

■ 1.2.6　【信息】面板

在【信息】面板中，以 R、G、B 值记录【合成】面板中的色彩信息以及以 X、Y 值记录鼠标位置，数值随鼠标在【合成】面板中的位置实时变化。按 Ctrl+2 组合键即可显示或隐藏【信息】面板，如图 1-34 所示。

■ 1.2.7　【音频】面板

在播放或预览音频过程中，【音频】面板显示了音量级。利用该面板，可调整选取层的左、右音量级，并通过【时间轴】面板的音频属性为音量级设置关键帧。如果【音频】面板不可见，可在菜单栏中执行【面板】|【音频】命令，或按 Ctrl+4 组合键，打开【音频】面板，如图 1-35 所示。

用户可改变音频层的音量级、以特定的质量进行预览、识别和标记位置。通常情况下，音频层与一般素材层不同，它们包含不同的属性。但是，却可以用同样的方法进行修改。

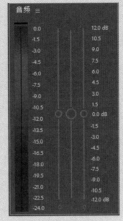

图 1-34　【信息】面板　　　　图 1-35　【音频】面板

■ 1.2.8　【预览】面板

在【预览】面板中提供了一系列预览控制选项，用于播放素材、前进一帧、退后一帧、预演素材等。按 Ctrl+3 组合键可以显示或隐藏【预览】面板。

单击【预览】面板中的【播放 / 暂停】▶按钮或按空格键，即可一帧一帧地演示合成影像。如果想终止演示，再次按空格键或在任意位置单击鼠标，如图 1-36 所示。

提示一下

在低分辨率下，合成影像的演示速度比较快。但最终还是取决于用户系统的快慢。

图 1-36　【预览】面板

■ 1.2.9　【效果和预设】面板

【效果和预设】面板可以快速地为图层添加动画效果，如图 1-37 所示。

- 搜索区：在搜索框中输入某个效果的名字，即自动搜索出该效果。
- 新建动画预设：为避免重复制作同一个动画效果，可把其作为一个预设保存下来，以便今后可随时调用。

图 1-37　【效果和预设】面板

■ 1.2.10 【流程图】面板

【流程图】面板是指显示项目流程的面板，在该面板中以方向线的形式显示了合成影像的流程。流程图中合成影像和素材的颜色以它们在【项目】面板中的颜色为准，且以不同的图标表示不同的素材类型。创建一个合成影像以后，可利用【流程图】面板对素材之间的流程进行观察。

打开当前项目中所有合成影像的【流程图】面板方法如下。

- 在菜单栏中执行【合成】|【合成流程图】命令，如图 1-38 所示。
- 在菜单栏中执行【面板】|【流程图】命令，弹出【流程图】面板。
- 在【项目】面板中单击【项目流程图查看】 按钮，弹出【流程图】面板，如图 1-39 所示。

图 1-38　选择【合成流程图】命令

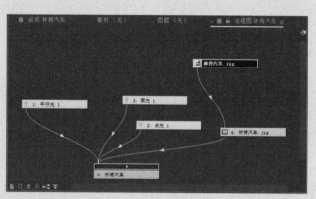

图 1-39　【流程图】面板

1.3　界面的布局

在工具栏中单击右侧的 按钮，在弹出的快捷菜单中包含了 After Effects CC 2018 中几种预设的工作界面方案，如图 1-40 所示。界面的各功能介绍如下。

- 【所有面板】：设置此界面后，将显示所有可用的面板，包含了最丰富的功能元素。
- 【效果】：设置此界面后，将会显示【效果】工作界面，如图 1-41 所示。
- 【文本】：适用于创建文本效果。
- 【标准】：使用标准的界面模式，即默认的界面。
- 【浮动面板】：单击每个面板上的 按钮，选择【浮动面板】，【信息】面板、【预览】面板和【音频】面板将独立显示，如图 1-42 所示。
- 【简约】：该工作界面包含的界面元素最少，仅有【合成】面板与【时间轴】面板，如图 1-43 所示。
- 【绘画】：适用于创作绘画作品。
- 【运动跟踪】：该工作界面适用于关键帧的编辑处理。

图 1-40 工作界面方案

图 1-41 【效果】工作界面

图 1-42 【浮动面板】工作界面

图 1-43 【简约】工作界面

1.4 设置工作界面

用户可根据需要对 After Effects CC 2018 的工具界面进行设置。

1.4.1 改变工作界面中区域的大小

在 After Effects CC 2018 中拥有太多的面板，在使用时，经常需要调节面板或面板的大小。例如，想要查看【项目】面板中素材文件的更多信息，可将【项目】面板放大；当【时间轴】面板中的层较多时，将【时间轴】面板的高度调高，可以看到更多的层。

改变工作界面中区域大小的操作方法如下。

01 新建一个项目文件或打开一个原有的项目文件，将鼠标指针移至【信息】面板与【合成】面板之间，此时鼠标指针会发生变化，如图 1-44 所示。

02 按住鼠标左键并向左拖动，即可将【合成】面板缩小，如图 1-45 所示。

图1-44 将鼠标放置在两个面板中间

图1-45 缩小【合成】面板

03 将鼠标指针移至【项目】面板、【合成】面板和【时间轴】面板之间,当指针变为 ⇔ 时,按住鼠标左键并拖动,可改变这3个面板的大小,如图1-46所示。

图1-46 纵向、横向同时调节面板大小

1.4.2 浮动或停靠面板

自After Effects 7.0版本以来,After Effects改变了之前版本中面板与浮动面板的界面布局,将面板与面板都连接在一起,作为一个整体存在。After Effects CC 2018沿用了这种界面布局,并保存了面板或面板浮动的功能。

在After Effects CC 2018的工作界面中,面板或浮动面板既可分离又可停靠,操作方法如下。

01 新建一个项目文件或打开一个原有的项目文件,单击【合成】面板右上角的 ≡ 按钮,在弹出的下拉菜单中选择【浮动面板】命令,如图1-47所示。

02 执行操作后,【合成】面板将会独立显示出来,如图1-48所示。

图1-47 选择【浮动面板】命令

图1-48 浮动面板

分离后的面板或面板可以重新放回原来的位置。以【合成】面板为例，在【合成】面板的上方选择拖动点，按下鼠标左键拖动【合成】面板至【项目】面板的右侧，此时【合成】面板会变为半透明状，且在【项目】面板的右侧出现紫色阴影，如图1-49所示。松开鼠标，可将【合成】面板放回原位置。

图1-49　将【合成】面板放回原位置

■ 1.4.3　自定义工作界面

在 After Effects CC 2018 中除了自带的几种界面布局外，还可自定义工作界面。用户可将工作界面中的各个面板随意搭配，组合成新的界面风格。

自定义工作界面的操作方法如下。

01 设置好需要的工作界面布局。

02 在菜单栏中执行【窗口】|【工作区】|【另存为新工作区】命令，如图1-50所示。

03 弹出【新建工作区】对话框，在【名称】文本框中输入名称，单击【确定】按钮，如图1-51所示。

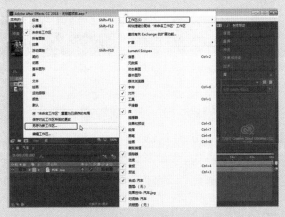

图1-50　选择【另存为新工作区】命令

图1-51　【新建工作区】对话框

04 在工具栏中单击右侧的 **≫** 按钮，将显示新建工作区的效果，如图1-52所示。

图 1-52 新建工作区的效果

■ 1.4.4 删除工作界面方案

用户还可以将不需要的工作界面删除。在工具栏中单击右侧的 >> 按钮,选择【编辑工作区】命令,在弹出的【编辑工作区】对话框中选中要删除的工作区,单击【删除】按钮,再单击【确定】按钮,即可删除选中的工作区,如图 1-53、图 1-54、图 1-55 所示。

图 1-53 选择【编辑工作区】命令

图 1-54 选择要删除的工作区

图 1-55 删除工作区后的效果

> **提示一下**
>
> 在删除界面方案时,当前使用的界面方案不能被删除。如果想要将其删除,可先切换到其他界面方案,再将其删除。

■ 1.4.5 为工作界面设置快捷键

在 After Effects CC 2018 中,用户可为工作界面设置快捷键,以方便操作。为工作界面设置快捷键的方法如下。

01 新建一个项目或打开一个原有的项目文件,调整工作界面中的面板,如图 1-56 所示。

02 在菜单栏中执行【窗口】|【工作区】|【另存为新工作区】命令，在打开的【新建工作区】对话框中使用默认名称，单击【确定】按钮。

03 在菜单栏中执行【窗口】|【将快捷键分配给"未命名工作区"工作区】命令，在弹出的子菜单中有 3 个命令，可选择其中任意一个，例如选择【Shift+F10（替换"标准"）】命令，如图 1-57 所示。

图 1-56　调整工作界面

图 1-57　选择要替换的快捷键

1.5　项目操作

如果要进行影视后期编辑操作，首先需要创建一个新的项目文件或打开已有的项目文件。

1.5.1　新建项目

每次启动 After Effects CC 2018 软件，系统都会新建一个项目文件。用户也可以自己重新创建一个新的项目文件。

在菜单栏中执行【文件】|【新建】|【新建项目】命令，如图 1-58 所示。

此外，用户还可以按 Ctrl+Alt+N 组合键新建项目，如果用户没有对当前打开的文件进行保存，在新建项目时会弹出提示对话框如图 1-59 所示。

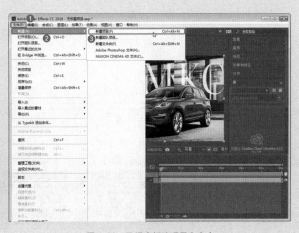

图 1-58　选择【新建项目】命令

图 1-59　提示对话框

1.5.2　打开已有项目

用户经常需要打开原来的项目文件查看或进行编辑，操作方法如下。

01 在菜单栏中执行【文件】|【打开项目】命令，或按Ctrl+O组合键，弹出【打开】对话框。

02 在【查找范围】下拉列表框中选择项目文件所在的路径位置和要打开的项目文件，单击【打开】按钮，即可打开选择的项目文件，图 1-60 所示。

图 1-60　选择项目文件

如果要打开最近使用过的项目文件，可在菜单栏中执行【文件】|【打开最近使用项目】命令，在子菜单中会列出最近打开的项目文件，单击要打开的项目文件即可。

当打开一个项目文件时，如果该项目所使用的素材路径发生了变化，需要为其指定新的路径。丢失的文件会以彩条的形式替换。为素材重新指定路径的操作方法如下。

01 在菜单栏中执行【文件】|【打开项目】命令，在弹出的对话框中选择一个改变了素材路径的项目文件，将其打开。

02 在该项目文件打开的同时会弹出提示对话框，提示最后保存的项目中缺少文件，单击【确定】按钮，如图 1-61 所示。

03 打开项目文件，可看到丢失的文件以彩条显示，如图 1-62 所示。

04 在【项目】面板中双击要重新指定路径的素材文件，弹出【导入文件】对话框，在其中选择替换的素材文件，单击【导入】按钮，如图 1-63 所示。

05 替换素材后的效果如图 1-64 所示。

图 1-61　提示对话框

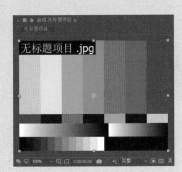

图 1-62　以彩条显示丢失的文件　　　　图 1-63　选择素材文件　　　　图 1-64　替换素材后的效果

■ 1.5.3　保存项目

编辑完项目后，都要对其进行保存，方便以后使用。

保存项目文件的操作方法如下。

在菜单栏中执行【文件】|【保存】命令，弹出【另存为】对话框，选择文件的保存路径并输入名称，单击【保存】按钮，如图 1-65 所示。

如果当前文件保存过，再次对其保存时不会弹出【另存为】对话框。

将当前的项目文件另存为一个新的项目文件，而原项目文件的各项设置不变。

图 1-65　【另存为】对话框

■ 1.5.4　关闭项目

如果要关闭当前的项目文件，可在菜单栏中执行【文件】|【关闭项目】命令，如图 1-66 所示，如果当前项目没有保存，会弹出提示对话框如图 1-67 所示。

图 1-66 选择【关闭项目】命令

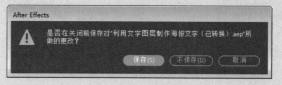

图 1-67 提示对话框

1.6 合成操作

合成是在一个项目中建立的,是项目文件中的重要部分。After Effects 的编辑工作都是在合成中进行的,当新建一个合成后,会激活该合成的【时间轴】面板,然后在其中进行编辑操作。

■ 1.6.1 新建合成

要在一个项目中进行操作,首先需要新建合成。操作方法如下。

01 在菜单栏中执行【文件】|【新建】|【新建项目】命令,新建一个项目。

02 执行下列操作之一:

- 在菜单栏中执行【合成】|【新建合成】命令。
- 单击【项目】面板底部的【新建合成】 按钮。
- 右键单击【项目】面板的空白区域,在弹出的快捷菜单中选择【新建合成】命令,如图 1-68 所示,在弹出的【合成设置】对话框中设置持续时间、背景色等,如图 1-69所示。
- 在【项目】面板中选择目标素材(一个或多个),将其拖曳至【新建合成】 按钮上释放鼠标,新建合成。

图 1-68 选择【新建合成】命令

图 1-69 【合成设置】对话框

03 单击【确定】按钮,完成新建合成。

提示一下

当通过将素材文件拖曳至【新建合成】按钮 上创建合成时，将不会弹出【合成设置】对话框。

■ 1.6.2 合成的嵌套

在一个项目中，合成是独立存在的。但在多个合成之间也存在着引用的关系，一个合成可以像素材文件一样导入到另一个合成中，形成合成之间的嵌套关系，如图 1-70 所示。

合成之间不能相互嵌套，只能是一个合成嵌套着另一个合成。使用流程图可方便地查看它们之间的关系，如图 1-71 所示。

合成的嵌套在后期合成制作中起着很重要的作用，因为并不是所有的制作都在一个合成中完成，在制作一些复杂的效果时都可能用到合成的嵌套。在对多个图层应用相同设置时，可通过合成嵌套，为这些图层所在的合成进行该设置，可以节省更多的时间，提高工作效率。

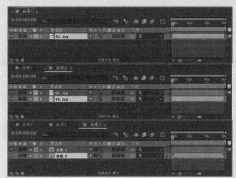

图 1-70　合成嵌套

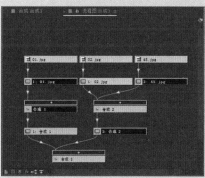

图 1-71　通过流程图查看嵌套关系

1.7　在项目中导入素材

在 After Effects CC 2018 中，虽然能够使用矢量图形制作视频动画，但是丰富的外部素材才是视频动画中的基础元素，比如视频、音频、图像、序列图片等，导入不同类型的素材，是制作视频动画的关键。

■ 1.7.1 导入素材的方法

在编辑影片时，首先要将素材导入到【项目】面板中或相关文件夹中，导入素材的方法如下。

- 在菜单栏中执行【文件】|【导入】|【文件】命令，或按 Ctrl+I 组合键，在弹出的【导入文件】对话框中选择要导入的素材，单击【导入】按钮。
- 在【项目】面板的空白区域单击鼠标右键，在弹出的快捷菜单中执行【导入】|

【文件】命令，在弹出的【导入文件】对话框中执行要导入的素材，单击【导入】
按钮。
- 在【项目】面板的空白区域双击鼠标，在弹出的【导入文件】对话框中选择要导入
的素材，单击【导入】按钮。
- 在 Windows 的资源管理器中选择需要导入的素材，然后将其拖曳到【项目】面板中。

■ 1.7.2 导入单个素材文件

在 After Effects CC 2018 中，导入单个素材文件是素材导入的最基本操作，操作方法
如下。

01 在【项目】面板的空白区域单击鼠标右键，在弹出的快捷菜单中执行【导入】|
【文件】命令，如图 1-72 所示。

02 在弹出的【导入文件】对话框中选择随书配备资源中的素材文件，单击【导入】
按钮，如图 1-73 所示。

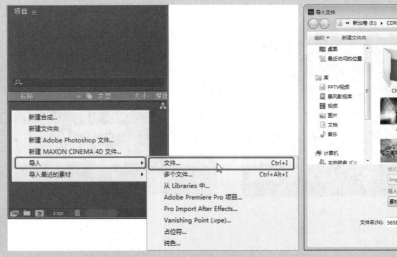

图 1-72 选择【文件】命令

图 1-73 选择素材文件

■ 1.7.3 导入多个素材文件

同时导入多个文件可节省操作时间。操作方法如下。

01 在菜单栏中执行【文件】|【导入】|【文件】命令，弹出【导入文件】对话框，
按住 Ctrl 键或 Shift 键的同时单击要导入的多个文件，单击【导入】按钮，如图 1-74
所示。

02 选中的素材被导入到【项目】面板中，如图 1-75 所示。

如果要导入的全部素材存放于一个文件夹中，可在【导入文件】对话框中选择该文件夹，
然后单击【导入文件夹】按钮，将其导入到【项目】面板中。

图 1-74 选择素材文件   图 1-75 导入多个素材文件

■ 1.7.4 导入序列图片

在使用三维动画软件输出作品时，经常会将其渲染成序列文件。序列文件是指由若干张按顺序排列的图片组成的一个图片的序列，每张图片代表一帧，记录运动的影像。导入序列图片的操作方法如下。

01 在菜单栏中执行【文件】|【导入】|【文件】命令，弹出【导入文件】对话框。打开需要导入序列图片的文件夹，在该文件夹中选择一个序列图片，勾选【JPEG 序列】复选框，单击【导入】按钮，如图 1-76 所示。

02 导入序列图片后的效果如图 1-77 所示。

03 在【项目】面板中双击序列文件，在【素材】面板中将其打开，按空格键可进行预览，效果如图 1-78 所示。

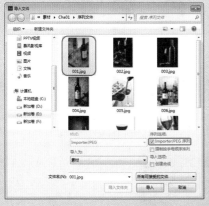

图 1-76 选择序列素材文件   图 1-77 导入序列文件后的效果   图 1-78 预览效果

通常序列文件都是连续的，如果序列文件有间断，可以通过以下两种方式将其导入。

（1）按常规方式导入，在播放序列文件时，在中断处会以彩条来代替缺少的图片。

01 在菜单栏中执行【文件】|【导入】|【文件】命令，在弹出的【导入文件】对话框中打开需要导入的序列图片的文件夹，在该文件夹中选择一个序列图片，勾选【格式】复选框，单击【导入】按钮，如图 1-79 所示。

02 若序列文件不连续，会弹出提示对话框，单击【确定】按钮，如图 1-80 所示的。

图 1-79　选择序列文件　　　　　　　　　　　图 1-80　提示对话框

03 将序列图片导入到【项目】面板中，并将其拖曳到【合成】面板中，按空格键进行预览，可以看到彩条替换了缺少的序列图片，如图 1-81 所示。

（2）强制按拉丁字母的先后顺序排列，在缺少图片的位置不会以彩条来替换。

01 在菜单栏中执行【文件】|【导入】|【文件】命令，在弹出的【导入文件】对话框中打开需要导入序列图片的文件夹，在该文件夹中选择一个序列图片，勾选【强制为拉丁字母顺序排列】复选框，单击【导入】按钮，如图 1-82 所示。

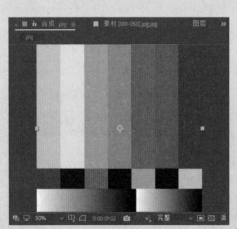

图 1-81　缺少的素材文件　　　　　图 1-82　勾选【强制为拉丁字母顺序排列】复选框

02 新导入的序列文件名称为文件夹的名称，如图 1-83 所示。

可将其添加到【合成】面板中按空格键进行预览。缺少图片的位置将直接跳过，不再以彩条来替换。

图 1-83　导入的序列文件

■ 1.7.5　导入 Photoshop 文件

After Effects 与 Photoshop 同为 Adobe 公司开发的软件，两款软件各有所长，After Effects 对 Photoshop 文件有很好的兼容性。使用 Photoshop 来处理 After Effects 所需的静态图像元素，可创作出更好的效果。在将 Photoshop 文件导入到 After Effects 中时，有多种导入方法。

1）将 Photoshop 文件以合并层方式导入

01 按 Ctrl+I 组合键，在弹出的【导入文件】对话框中选择随书配备资源中的素材文件，单击【导入】按钮，如图 1-84 所示。

02 在弹出的对话框中使用默认参数，单击【确定】按钮，如图 1-85 所示。

03 选中的素材文件被导入至软件中，如图 1-86 所示。

图 1-84　选择素材文件　　　　　　　图 1-85　035.psd 对话框　　　　　　图 1-86　导入 psd 素材文件

2）导入 Photoshop 文件中的某一层

01 按 Ctrl+I 组合键，在弹出的【导入文件】对话框中继续选中 035.psd 素材文件，单击【导入】按钮，在弹出的对话框中选中【选择图层】单选按钮，将图层设置为【背景】，单击【确定】按钮，如图 1-87 所示。

02 导入选中图层，如图 1-88 所示。

3）以合成方式导入 Photoshop 文件

除了上述两种方法外，还可将 Photoshop 文件以合成的方式导入至软件中，在对话框中设置导入类型，如图 1-89 所示。

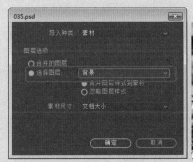

图 1-87　选择导入图层　　　　　　　图 1-88　导入选中图层　　　　　　　图 1-89　设置导入类型

自己练

项目练习1：导入 PSD 分层素材

效果展示：见图 1-90

图 1-90　导入 PSD 分层素材

操作要领：

(1) 按 **Ctrl+I** 组合键，在弹出的【导入文件】对话框中选择素材文件，单击【导入】按钮。

(2) 在弹出的对话框中选中【选择图层】单选按钮，将图层设置为【背景】，单击【确定】按钮。

(3) 使用同样的方法导入该文件中的【图层 38】。

项目练习2：利用纯色图层制作背景

效果展示：见图 1-91

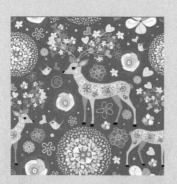

图 1-91　利用纯色图层制作背景

操作要领：

(1) 打开素材文件。

(2) 在【时间轴】面板中右击鼠标，在弹出的快捷菜单中执行【新建】|【纯色】命令。

(3) 在弹出的对话框中将【颜色】的 **RGB** 值设置为 **25**、**116**、**143**，单击【确定】按钮，调整图层叠放顺序。

CHAPTER 02

制作关键帧动画——餐厅
电子菜单动画

本章概述 SUMMARY

本章将详细介绍关键帧在视频动画中的创建、编辑和应用，以及与关键帧动画相关的动画控制功能。关键帧部分包括关键帧的选择、移动、复制和删除。动画控制部分包括时间控制、动态草图等，这些设置可制作出更复杂的动画效果。

■ 基础知识
关键帧的概念　　　　　关键帧的基础操作
■ 重点知识
编辑关键帧　　　　　　关键帧插值
■ 提高知识
使用关键帧辅助　　　　速度控制

案例预览

餐厅电子菜单动画

利用关键帧制作不透明度动画

利用关键帧制作海报动画

【入门必练】餐厅电子菜单动画

本案例介绍如何制作餐厅电子菜单动画。首先创建合成文件，然后通过对图层与合成文件进行嵌套、设置，以及添加关键帧等操作，完成餐厅电子菜单动画的制作。效果如图2-1所示。

图2-1 餐厅电子菜单动画效果

具体操作步骤如下。

01 新建一个项目，在【项目】面板中右击鼠标，在弹出的快捷菜单中选择【新建合成】命令，如图2-2所示。

02 在弹出的【合成设置】对话框中将【合成名称】设置为【文字】，将【预设】设置为HDTV 1080 25，将【宽度】【高度】分别设置为1920、1080，将【像素长宽比】设置为【方形像素】，将【帧速率】设置为25，将【持续时间】设置为0:00:06:04，将【背景颜色】的RGB值设置为255、255、255，单击【确定】按钮，如图2-3所示。

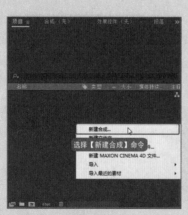

图2-2 选择【新建合成】命令

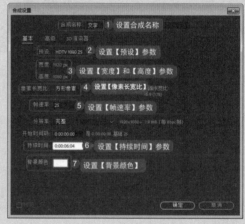

图2-3 设置合成参数

03 在【时间轴】面板中右击鼠标，在弹出的快捷菜单中执行【新建】|【文本】命令，如图2-4所示。

04 在【字符】面板中将字体设置为【华文行楷】，将字体大小设置为161，将字符间距设置为20，单击【仿粗体】按钮**T**，将字体颜色的RGB值设置为183、24、24，如图2-5所示。

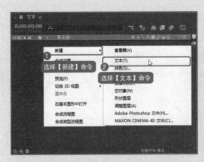

图 2-4　选择【文本】命令　　　　　　　图 2-5　设置文字参数

05 在【项目】面板中单击【新建合成】按钮，在弹出的【合成设置】对话框中将【合成名称】设置为【多个星星】，将【宽度】【高度】分别设置为 1920、544，将【持续时间】设置为 0:00:20:00，将【背景颜色】的 RGB 值设置为 0、0、0，单击【确定】按钮，如图 2-6 所示。

06 在【时间轴】面板中右击鼠标，在弹出的快捷菜单中执行【新建】|【形状图层】命令，如图 2-7 所示。

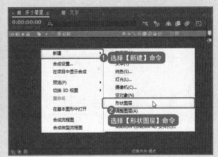

图 2-6　设置合成参数　　　　　　　图 2-7　执行【形状图层】命令

07 在【时间轴】面板中单击【形状图层 1】下方的【添加】右侧的按钮，在弹出的快捷菜单中选择【多边星形】命令，如图 2-8 所示。

08 继续选中该图层，将【内径】【外径】分别设置为 28，68，单击【添加】右侧的按钮，在弹出的快捷菜单中选择【填充】命令，如图 2-9 所示。

图 2-8　选择【多边星形】命令　　　　　　图 2-9　选择【填充】命令

09 在【时间轴】面板中将【填充 1】下的【颜色】的 RGB 值设置为 255、255、255，单击【添加】右侧的按钮，在弹出的快捷菜单中选择【描边】命令，如图 2-10 所示。

⑩ 在【时间轴】面板中，将【颜色】的 RGB 值设置为 255、255、255，将【描边 1】下的【描边宽度】设置为 5，如图 2-11 所示。

图 2-10 选择【描边】命令　　　图 2-11 设置描边参数

⑪ 继续选中该图层，将当前时间设置为 0:00:00:17，在【时间轴】面板中将【位置】设置为 960、453.5，将【缩放】设置为 0，单击左侧的【时间变化秒表】按钮，如图 2-12 所示。

⑫ 将当前时间设置为 0:00:01:09，将【缩放】设置为 68.8，如图 2-13 所示。

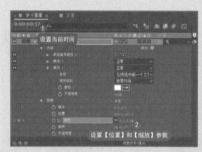

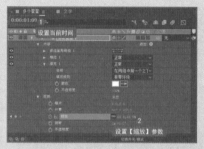

图 2-12 设置位置与缩放参数　　　图 2-13 设置缩放参数

⑬ 在【时间轴】面板中选择【形状图层 1】，按 Ctrl+D 组合键对选中的图层进行复制，将当前时间设置为 0:00:01:11，将【位置】设置为 860、457.5，将【缩放】设置为 53.8，如图 2-14 所示。

⑭ 在【时间轴】面板中选择【形状图层 2】，按 Ctrl+D 组合键对选中的图层进行复制，将【位置】设置为 1058、457.5，如图 2-15 所示。

图 2-14 复制图层并设置位置与缩放参数　　　图 2-15 设置位置参数

⑮ 在【时间轴】面板中选择【形状图层 3】，按 Ctrl+D 组合键对选中的图层进行复制，

将当前时间设置为 0:00:01:00，将【位置】设置为 1150、456.5，选择【缩放】右侧的关键帧，按住鼠标，将其拖曳至与时间线对齐，如图 2-16 所示。

16 将当前时间设置为 0:00:01:17，将【缩放】右侧的关键帧拖曳至与时间线对齐，将【缩放】设置为 50.8，如图 2-17 所示。

图 2-16　复制图层并调整关键帧位置　　　　　　　图 2-17　设置缩放参数

17 在【时间轴】面板中选择【形状图层 4】，按 Ctrl+D 组合键对选中的图层进行复制，将【位置】设置为 766、456.5，如图 2-18 所示。

18 在【项目】面板中单击【新建合成】按钮，在弹出的【合成设置】对话框中将【合成名称】设置为【星星】，将【宽度】【高度】分别设置为 1920、544，将【持续时间】设置为 0:00:03:20，单击【确定】按钮，如图 2-19 所示。

图 2-18　复制图层并设置位置　　　　　　　图 2-19　设置合成参数

19 在【时间轴】面板中右击鼠标，在弹出的快捷菜单中执行【新建】|【纯色】命令，如图 2-20 所示。

20 在弹出的【纯度设置】对话框中将【宽度】【高度】分别设置为 1920、1080，将【颜色】的 RGB 值设置为 255、0、0，单击【确定】按钮，如图 2-21 所示。

21 在【时间轴】面板中将当前时间设置为 0:00:00:00，取消【缩放】的【约束比例】，将【缩放】设置为 100、0，单击【缩放】左侧的【时间变化秒表】按钮，如图 2-22 所示。

22 在【时间轴】面板中将当前时间设置为 0:00:01:09，将【缩放】设置为 100、51.6，如图 2-23 所示。

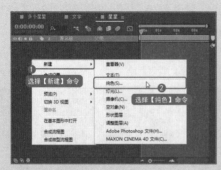

图 2-20 执行【纯色】命令

图 2-21 设置纯色参数

图 2-22 设置缩放参数

图 2-23 设置缩放参数

23 在【项目】面板中双击鼠标，在弹出的【导入文件】对话框中选择随书配备资源中的素材文件，单击【导入】按钮，如图 2-24 所示。

24 在【项目】面板中单击【新建合成】按钮，在弹出的【合成设置】对话框中将【合成名称】设置为 LOGO，将【宽度】【高度】分别设置为 1200、500，将【持续时间】设置为 0:00:20:00，单击【确定】按钮，如图 2-25 所示。

图 2-24 选择素材文件

图 2-25 设置合成参数

25 在【项目】面板中选择 LOGO.png 素材文件，按住鼠标将其拖曳至【时间轴】面板中，将【位置】设置为 596、278，将【缩放】设置为 14，如图 2-26 所示。

26 切换至【星星】合成中，在【项目】面板中选择 LOGO 合成文件，按住鼠标将其拖曳至【红色 纯色 1】图层的上方，将当前时间设置为 0:00:00:08，将其开始处与时间线对齐，将【位置】设置为 963、–104，并单击左侧的【时间变化秒表】⏱ 按钮，将【缩放】设置为 60，如图 2-27 所示。

图 2-26　设置位置与缩放参数

图 2-27　设置位置与缩放参数

27 选中该关键帧，右击鼠标，在弹出的快捷菜单中执行【关键帧辅助】|【缓出】命令，如图 2-28 所示。

28 在【时间轴】面板中将当前时间设置为 0:00:02:09，将【位置】设置为 963、142，如图 2-29 所示。

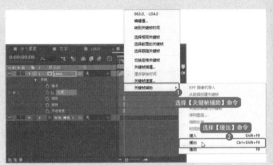

图 2-28　执行【缓出】命令

图 2-29　设置位置参数

29 在【时间轴】面板中右击鼠标，在弹出的快捷菜单中执行【新建】|【形状图层】命令，单击【添加】右侧的 ▶ 按钮，在弹出的快捷菜单中选择【路径】命令，如图 2-30 所示。

30 绘制一条路径，单击【添加】右侧的 ▶ 按钮，在弹出的快捷菜单中选择【描边】命令，将【颜色】的 RGB 值设置为 255、255、255，将【描边宽度】设置为 5，如图 2-31 所示。

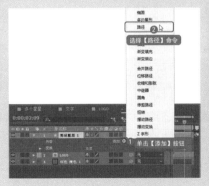

图 2-30　选择【路径】命令

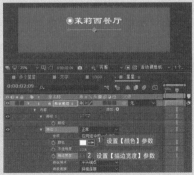

图 2-31　设置描边参数

31 单击【添加】右侧的 ▶ 按钮，在弹出的快捷菜单中选择【修剪路径】命令，将当前时间设置为 0:00:00:01，将【开始】【结束】都设置为 50，单击左侧的【时间变化秒表】按钮 ⏱，如图 2-32 所示。

32 将当前时间设置为 0:00:02:09，将【开始】设置为 0，将【结束】设置为 100，如图 2-33 所示。

图 2-32　设置修剪路径参数　　　　　　图 2-33　设置开始结束参数

33 在【时间轴】面板中选择【开始】【结束】右侧的第二个关键帧，右击鼠标，在弹出的快捷菜单中执行【关键帧辅助】|【缓动】命令，如图 2-34 所示。

34 在【项目】面板中选择【多个星星】合成文件，按住鼠标将其拖曳至【形状图层 1】的上方，将【位置】设置为 963、244，如图 2-35 所示。

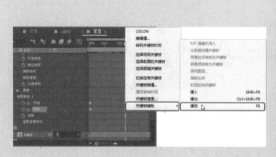

图 2-34　执行【缓动】命令　　　　　　图 2-35　设置位置参数

35 在【项目】面板中单击【新建合成】 按钮，在弹出的【合成设置】对话框中将【合成名称】设置为【文字动画】，将【宽度】【高度】分别设置为 1920、1080，将【持续时间】设置为 0:00:14:05，单击【确定】按钮，如图 2-36 所示。

36 在【时间轴】面板中右击鼠标，在弹出的快捷菜单中选择【新建】|【文本】图层，输入相应的文字，在【字符】面板中将字体设置为【Adobe 黑体 Std】，将字体大小设置为 60，将基线偏移设置为 2，将字体颜色的 RGB 值设置为 255、255、255，在【段落】面板中单击【左对齐文本】 按钮，如图 2-37 所示。

37 在【时间轴】面板中将当前时间设置为 0:00:00:12，将【位置】设置为 −764.7、320，单击左侧的【时间变化秒表】⏱ 按钮，如图 2-38 所示。

38 在【时间轴】面板中将当前时间设置为 0:00:01:18，将【位置】设置为 403.8、320，如图 2-39 所示。

图 2-36 设置合成参数

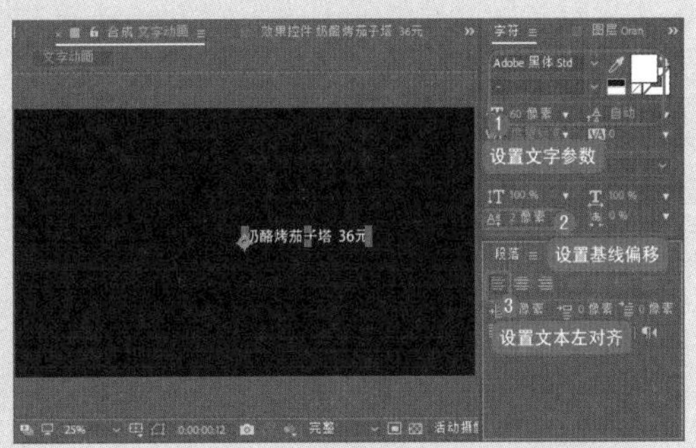

图 2-37 设置文字参数

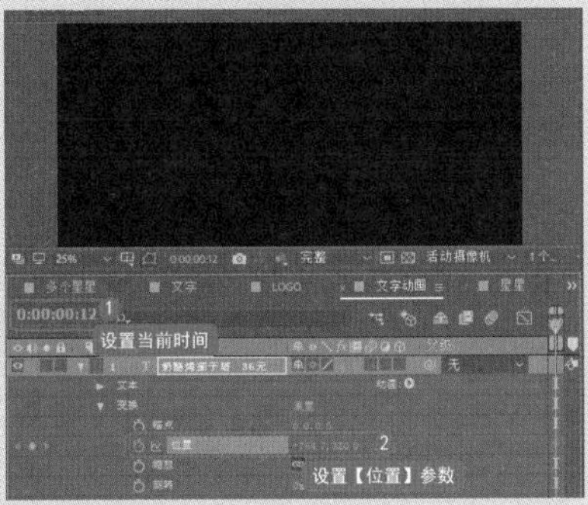

图 2-38 设置位置参数

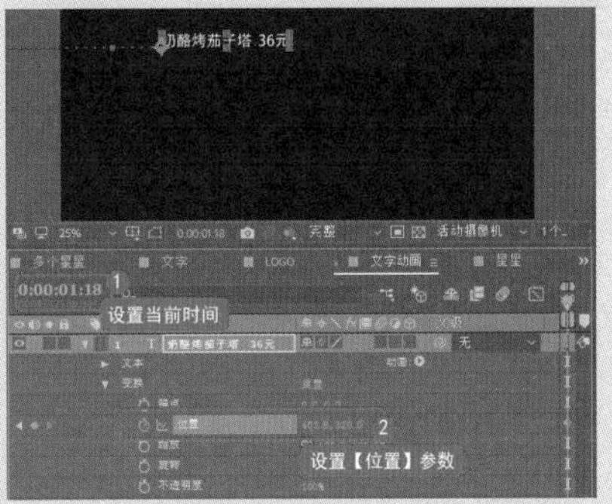

图 2-39 设置位置参数

(39) 选择【位置】右侧的第二个关键帧，右击鼠标，在弹出的快捷菜单中执行【关键帧辅助】|【缓动】命令，并使用同样的方法输入其他文字，如图 2-40 所示。

(40) 新建一个形状图层，在工具栏中单击【椭圆工具】 ，按住 Shift 键绘制一个正圆，在【时间轴】面板中将【大小】设置为 32，将【描边 1】关闭，将【填充 1】下的【颜色】的 RGB 值设置为 255、255、255，将【变换：椭圆 1】下的【位置】设置为 -312、404，如图 2-41 所示。

> **提示一下**
>
> 在 AE 中创建的矢量图形对象并不是一个素材，而是一个矢量形状图层。在未选中任何图层的情况下，绘制图形后将同时在【时间轴】面板中创建一个形状图层。也可以先创建一个形状图层，然后在此图层上绘制图形。

图 2-40 输入其他文字

图 2-41 设置形状参数

㊶ 在【时间轴】面板中将当前时间设置为 0:00:01:05，将【变换】下的【锚点】设置为 -312、404，将【位置】设置为 351.8、298，将【缩放】设置为 0，单击左侧的【时间变化秒表】按钮，按住 Alt 键单击【缩放】左侧的【时间变化秒表】按钮，并输入表达式，如图 2-42 所示。

㊷ 在【时间】面板中将当前时间设置为 0:00:01:11，将【缩放】设置为 100，如图 2-43 所示。

提示一下

在此输入的表达式如下。

```
amp = .03;//
freq = 3;//
decay = 7;//
n = 0;
if (numKeys > 0){
n = nearestKey(time).index;
if (key(n).time > time){
n--;
}
}
if (n == 0){
t = 0;
}else{
t = time - key(n).time;
}

if (n > 0){
v = velocityAtTime(key(n).time - thisComp.
frameDuration/10);
value + v*amp*Math.sin(freq*t*2*Math.PI)/
Math.exp(decay*t);
}else{
value;
}
```

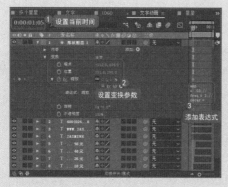

图 2-42　设置变换参数

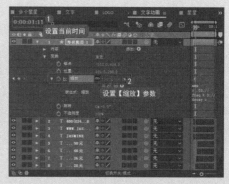

图 2-43　设置缩放参数

㊸ 使用相同的方法创建其他形状图层，并对其进行相应的设置，效果如图 2-44 所示。

㊹ 创建一个【菜单】合成文件，将持续时间设置为 0:00:14:05，在【项目】面板中选择视频 01.mov 素材文件，按住鼠标将其拖曳至【菜单】合成中，如图 2-45 所示。

㊺ 在【时间轴】面板中右击鼠标，在弹出的快捷菜单中执行【新建】|【纯色】命令，创建一个红色纯色，在工具栏中单击【钢笔工具】按钮，在【合成】面板中绘制一个遮罩，单击【缩放】右侧的【约束比例】，将【缩放】设置为 -100、100，如图 2-46 所示。

㊻ 在【项目】面板中选择【文字动画】，按住鼠标将其拖曳至【红色 纯色 1】图层的上方，将【位置】设置为 1770、540，如图 2-47 所示。

图 2-44 创建其他形状图层后的效果

图 2-45 添加素材文件

图 2-46 绘制蒙版并设置缩放参数

图 2-47 设置位置参数

47 新建一个合成文件，将其命名为"餐厅电子菜单动画"，将【宽度】【高度】分别设置为 1920、1080，将持续时间设置为 0:00:14:05，将【背景颜色】的 RGB 值设置为 255、255、255，在【项目】面板中选择【文字】合成文件，按住鼠标将其拖曳至时间轴面板中，将当前时间设置为 0:00:00:00，在工具栏中单击【矩形工具】 ，在【合成】面板中绘制一个矩形蒙版，如图 2-48 所示。

48 在【时间轴】面板中将当前时间设置为 0:00:00:00，将【位置】设置为 1960、540，单击【位置】与【缩放】左侧的【时间变化秒表】 按钮，将【位置】右侧的第一个关键帧设置为【缓出】，如图 2-49 所示。

图 2-48 创建蒙版

图 2-49 设置位置与缩放参数

49 在【时间轴】面板中将当前时间设置为 0:00:01:06，将【位置】设置为 960、540，如图 2-50 所示。

50 在【时间轴】面板中将当前时间设置为 0:00:06:04，将【缩放】设置为 115，如图 2-51 所示。

图 2-50　设置位置参数　　　　图 2-51　设置缩放参数

51 使用相同的方法制作另一侧文字，在【项目】面板中选择【星星】合成文件，按住鼠标将其拖曳至【文字】图层的上方，将入点时间设置为 0:00:03:04，如图 2-52 所示。

52 在【时间轴】面板中新建一个白色纯色图层，将入点时间设置为 0:00:06:07，将持续时间设置为 0:00:01:05，如图 2-53 所示。

图 2-52　添加合成文件并设置入点时间　　　　图 2-53　设置入点与持续时间

53 在【效果和预设】面板中搜索【线性擦除】效果，为纯色图层添加该效果，将当前时间设置为 0:00:06:07，将【过渡完成】设置为 100，单击左侧的【时间变化秒表】按钮，将【擦除角度】设置为 -90，如图 2-54 所示。

54 将当前时间设置为 0:00:07:03，将【过渡完成】设置为 0，选中该关键帧，按 F9 键将其转换为【缓动】，如图 2-55 所示。

图 2-54　设置【线性擦除】参数　　　　图 2-55　设置【过渡完成】参数

55 在【项目】面板中选择【菜单】合成文件，按住鼠标将其拖曳至白色纯色图层的上方，将入点时间设置为 0:00:07:00，如图 2-56 所示。

56 在【合成】面板中预览效果如图 2-57 所示。

图 2-56　设置入点时间

图 2-57　预览效果

2.1　关键帧的概念

After Effects 通过关键帧创建和控制动画，即在不同的时间点对对象属性进行变化，而时间点间的变化则由计算机来完成。

当为一个图层的某个参数设置一个关键帧时，表示该层的某个参数在当前时间有了一个固定值，而在另一个时间点设置了不同的参数后，在这一段时间中，该参数的值会由前一个关键帧向后一个关键帧变化。After Effects 通过计算会自动生成两个关键帧之间参数变化时的过渡画面，当这些画面连续播放，就形成了视频动画效果。

关键帧的创建是在【时间轴】面板中进行的，本质上就是为层的属性设置动画。在可以设置关键帧属性的效果和参数左侧都有一个 按钮，单击该按钮， 图标变为 状态，这样就打开了关键帧记录，并在当前的时间位置设置了一个关键帧，如图 2-58 所示。

图 2-58　打开动画关键帧记录

将时间轴移至一个新的时间位置上，对设置关键帧属性的参数进行修改，此时即可在当前的时间位置自动生成一个关键帧，如图 2-59 所示。

图 2-59　添加关键帧

如果在一个新的时间位置上，设置一个与前一关键帧参数相同的关键帧，可直接单击【关键帧导航】 中的【在当前时间添加或移除关键帧】 按钮，当 转换为 状态时，即可创建关键帧，如图 2-60 所示。其中◀表示跳转到上一帧；▶表示跳转到下一帧。当关键帧导航显示为◀◆▶时，表示当前关键帧左侧有关键帧；当关键帧导航显示为◀◆▶时，表示当前关键帧右侧有关键帧；当关键帧导航显示为◀◆▶时，表示当前关键帧左侧和右侧有关键帧。

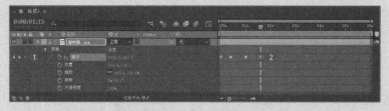

图 2-60　添加关键帧

在【效果控件】面板中，也可以为特效设置关键帧。单击参数前的⏱按钮，就可打开动画关键帧记录，并添加一处关键帧，自此，只要在不同的时间点改变参数，即可添加一处关键帧。添加的关键帧会在【时间轴】面板中显示，该层的特效在相应位置显示出来。如图 2-61 所示。

图 2-61　在【效果控件】面板中设置关键帧

2.2　关键帧基础操作

通过对素材位置、比例、旋转、透明度等参数的设置以及在相应的时间点设置关键帧可以制作简单的动画。

2.2.1　锚点设置

单击【时间轴】面板中素材名称左边的三角按钮，可以打开各属性的参数控制，如图 2-62 所示。

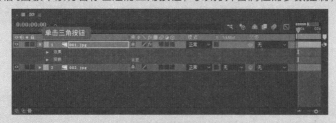

图 2-62　属性参数

【锚点】是通过改变参数的数值来定位素材的中心点，在旋转、缩放时将以该中心点为中心执行。设置【锚点】参数的方法如下。

- 单击带有下划线的参数值，将该参数值激活。在该激活输入区域内输入所需的数值，单击【时间轴】面板的空白区域或按回车键确认，如图 2-63 所示。
- 将鼠标放置在带有下划线的参数上，当鼠标变为双向箭头时，按住鼠标左键拖曳，向左拖曳减小参数值，向右拖曳增大参数值，如图 2-64 所示。

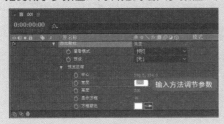

图 2-63　输入方法调节参数　　　　　　　　　　图 2-64　拖曳方法调节参数

● 在属性名称上单击鼠标右键，在弹出的菜单中选择【编辑值】命令，或在下划线上单击鼠标右键，选择【编辑值】命令，弹出【锚点】对话框，输入所需的数值，选择【单位】，单击【确定】按钮，如图 2-65 所示。

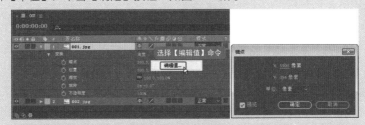

图 2-65　编辑参数

2.2.2　创建图层位置关键帧动画

位置是通过调节参数的大小来控制素材的位置，达到想要的效果。

创建图层位置关键帧动画的具体操作步骤如下。

01 将"素材 1.jpg""素材 2.jpg"导入至【时间轴】面板中。

02 单击【时间轴】面板中素材名称左边的小三角，打开各属性的参数控制，【缩放】参数调整素材文件的大小，将时间滑块放置在图层开始位置处，单击【位置】属性前的 button 按钮，打开关键帧，将时间滑块拖至图层结尾处，将【位置】参数设置为 75，216.5，添加关键帧，如图 2-66 所示。

图 2-66　设置【位置】关键帧

03 拖动时间滑块观看效果，如图 2-67 所示。

图 2-67 效果图

2.2.3 创建图层缩放关键帧动画

缩放是通过调节参数的大小来控制素材的大小，达到想要的效果。值得注意的是，当参数值前边出现一个【约束比例】🔗图标时，表示可以同时改变相互连接的参数值。锁定它们之间的比例，单击该图标使其消失可取消参数锁定。

创建图层缩放关键帧动画的具体操作步骤如下。

01 将"素材 3.jpg""素材 4.jpg"导入至【时间轴】面板中。

02 单击【时间轴】面板中素材名称左边的小三角，打开各属性的参数控制，通过【缩放】参数调整素材文件的大小，将时间滑块放置在图层开始位置处，单击【缩放】属性前的🕐按钮，打开关键帧，将时间滑块拖至图层结尾处，将【缩放】参数设置为 0，添加关键帧，如图 2-68 所示。

图 2-68 设置【缩放】关键帧

03 拖动时间滑块观看效果，如图 2-69 所示。

图 2-69 效果图

2.2.4 创建图层旋转关键帧动画

旋转是指以锚点为中心，通过调节参数来旋转素材，但是要注意，改变参数的前后位置和前面数值的大小，将以圆周为单位调节角度的变化，前面的参数增加或减少 1，表示角度改变 360°；改变后面数值的大小，将以度为单位来调节角度的变化，每增加 360°，前面的参数值就递增一个数值。如图 2-70 所示。

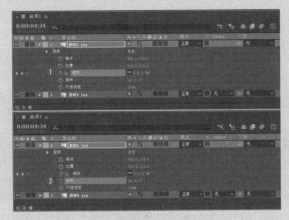

图 2-70　角度参数

创建图层旋转关键帧动画的具体操作步骤如下。

01 将"素材 5.jpg""素材 6.jpg"导入至【时间轴】面板中。

02 单击【时间轴】面板中素材名称左边的小三角，可以打开各属性的参数控制，通过【缩放】参数调整素材文件的大小，将时间滑块放置在图层开始位置处，单击【旋转】属性前的按钮，打开关键帧，将时间滑块拖至图层结尾处，后将【旋转】参数设置为 0×+24.0°，添加关键帧，如图 2-71 所示。

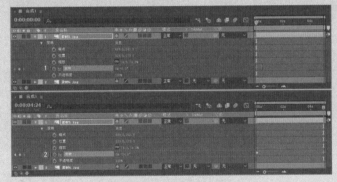

图 2-71　设置【旋转】关键帧

03 拖动时间滑块观看效果，如图 2-72 所示。

图 2-72　效果图

2.2.5　创建图层淡入动画

通过调节透明度参数的大小改变素材的透明度，达到想要的效果。

创建图层淡入动画的具体操作步骤如下。

01 将"素材 7.jpg""素材 8.jpg"导入至【时间轴】面板中。

02 单击【时间轴】面板中素材名称左边的小三角，可以打开各属性的参数控制，通过【缩放】参数调整素材文件的大小，将时间滑块放置在图层开始位置处，将【不透明度】设置为 0，单击【不透明度】属性前的 按钮，打开关键帧，如图 2-73 所示。

图 2-73　设置【不透明度】关键帧

03 将时间滑块拖至图层结尾处，将【不透明度】参数设置为 100%，添加关键帧，如图 2-74 所示。

图 2-74　设置【不透明度】关键帧

04 拖动时间滑块观看效果，如图 2-75 所示。

图 2-75　效果图

2.3　编辑关键帧

对关键帧编辑包括选择、移动、复制、删除等。

2.3.1　选择关键帧

有多种方法对关键帧进行选择。

● 在【时间轴】面板中，用鼠标单击要选择的关键帧，关键帧图标变为 状态表示已被选中。

● 如果要选择多个关键帧，按住 Shift 键单击所要选择的关键帧。也可使用鼠标拖出一个选框，对关键帧进行框选，如图 2-76 所示。

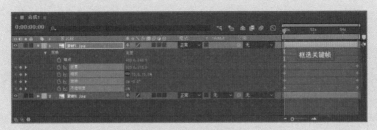

图 2-76　框选关键帧

- 单击层的一个属性名称，可将该属性的关键帧全部选中，如图 2-77 所示。

图 2-77　选择一个属性的全部关键帧

- 创建关键帧后，在【合成】面板中可以看到一条线段，并且在线上出现控制点，这些控制点就是设置的关键帧，单击这些控制点，可以选择相对应的关键帧。选中的控制点以实心方块显示，没选中的控制点以空心方块显示，如图 2-78 所示。

图 2-78　在【合成】面板中选择关键帧

■ 2.3.2　移动关键帧

- 移动单个关键帧：选中需要移动的关键帧，直接用鼠标拖动其至目标位置，如图 2-79 所示。
- 移动多个关键帧：框选或者按住 Shift 键选择需要移动的多个关键帧，拖动其至目标位置，如图 2-80 所示。

为了将关键帧精确地移动到目标位置，通常先移动时间轴的位置，借助时间轴来精确移动关键帧。精确移动时间轴的方法如下。

- 先将时间轴移至大致的位置，然后按快捷键 Page Up（向前）或 Page Down（向后）进行逐帧的精确调整。

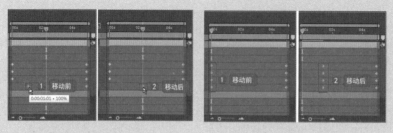

图 2-79　移动单个关键帧　　　　　　　　图 2-80　移动多个关键帧

● 单击【时间轴】面板左上角的【当前时间】，此时【当前时间】变为可编辑状态，在其中输入精确的时间，按回车键确认，如图 2-81 所示。

图 2-81　编辑时间

提示一下

按快捷键 Home 或 End，可将时间轴快速移至时间的开始处或结束处。

根据时间轴移动关键帧的方法如下。

● 将时间轴移至关键帧所要放置的位置，单击关键帧并按住 Shift 键进行移动，移至时间轴附近时，关键帧会自动吸附到时间轴上。

● 拉长或缩短关键帧：选择多个关键帧后，按住鼠标左键和 Alt 键的同时向外拖动可以拉长关键帧距离，向内拖动可以缩短关键帧距离，如图 2-82 所示。这种改变只是改变所选关键帧的距离大小，关键帧间的相对距离是不变的。

图 2-82　缩短和拉长关键帧

2.3.3　复制关键帧

如果要对多个层设置相同的动画效果，可先设置好一个图层的关键帧，然后复制关键帧，将复制的关键帧粘贴到其他层。

选择一个图层的关键帧，在菜单栏中执行【编辑】|【复制】命令，对关键帧进行复制。选择目标层，在菜单栏中执行【编辑】|【粘贴】命令，粘贴关键帧。

提示一下

在粘贴关键帧时，关键帧会粘贴在时间轴的位置。所以，一定要先将时间轴移至正确的位置，然后再粘贴。

■ 2.3.4　删除关键帧

如果在操作时添加了多余的关键帧，可以将不需要的关键帧删除，删除的方法有 3 种。

- 按钮删除。将时间调整至需要删除的关键帧位置，可以看到该属性左侧【在当前时间添加或移除关键帧】◆按钮呈蓝色激活状态，单击该按钮，将当前时间位置的关键帧删除，如图 2-83 所示。删除完成后该按钮呈灰色显示，如图 2-84 所示。

图 2-83　利用按钮删除关键帧

- 键盘删除。选择不需要的关键帧，按 Delete 键，即可将选择的关键帧删除。
- 菜单删除。选择不需要的关键帧，在菜单栏中执行【编辑】|【清除】命令，即可将选择的关键帧删除。

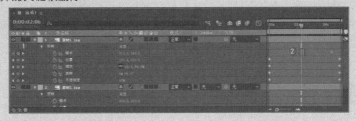

图 2-84　利用按钮删除关键帧

■ 2.3.5　改变显示方式

关键帧不但可以显示为方形，还可以显示为阿拉伯数字。

在【时间轴】面板右上角单击 ☰ 按钮，在弹出的菜单中选择【使用关键帧索引】命令，将关键帧以数字的形式显示，如图 2-85 所示。

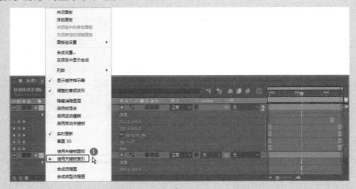

图 2-85　以数字形式显示关键帧

使用数字形式显示关键帧时，关键帧会以数字顺序命名，即第一个关键帧为 1，依次往后排。当在两个关键帧之间添加一个关键帧后，该关键帧后面的关键帧会重新进行排序命名。

2.4　动画控制

After Effects 中可通过关键帧插值运算的调节，对层的运动路径进行平滑处理，并对速率进行加速、减速等高级调节。

■ 2.4.1　关键帧插值

After Effects 基于曲线进行插值控制。通过调节关键帧的方向手柄，对插值的属性进行调节。在不同时间，插值的关键帧在【时间轴】面板中的图标也不相同。如：◆【线性】、【定格】▮、【自动贝塞尔曲线】▮、【连续贝塞尔曲线】▮，如图 2-86 所示。

图 2-86　不同类型的关键帧

在【合成】面板中，调节关键帧的控制柄，可改变运动路径的平滑度，如图 2-87 所示。

1. 改变插值

打开【时间轴】面板，在线性插值的关键帧上单击鼠标右键，在弹出的快捷菜单中选择【关键帧插值】命令，打开【关键帧插值】对话框，如图 2-88 所示。

图 2-87　调节关键帧控制柄

图 2-88　【关键帧插值】对话框

在【临时插值】与【空间插值】下拉列表中选择不同的插值方式，如图 2-89 所示。

- 【当前设置】：保留已应用在所选关键帧上的插值。
- 【线性】：线性插值。
- 【贝塞尔曲线】：贝塞尔插值。

- 【连续贝塞尔曲线】：连续曲线插值。
- 【自动贝塞尔曲线】：自动曲线插值。
- 【定格】：静止插值。

在【漂浮】下拉列表中可选择关键帧的空间或时间插值方法，如图 2-90 所示。

- 【当前设置】：保留当前设置。
- 【漂浮穿梭时间】：以当前关键帧的相邻关键帧为基准，通过自动变化它们在时间上的位置平滑当前关键帧变化率。
- 【锁定到时间】：保持当前关键帧在时间上的位置，只能手动进行移动。

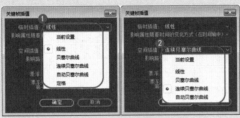

图 2-89　不同的关键帧插值方式　　　图 2-90　【漂浮】下拉列表

> **提示一下**
>
> 　　使用选择工具，按住 Ctrl 键单击关键帧标记，即可改变当前关键帧的插值。但插值的变化取决于当前关键帧的插值方法。如果关键帧使用线性插值，则变为自动曲线插值；如果关键帧使用曲线、连续曲线或自动曲线插值，则变为线性插值。

2. 插值介绍

1）【线性】插值

【线性】插值是 After Effects 默认的插值方式，使关键帧产生相同的变化率，具有较强的变化节奏，但相对比较机械。

如果一个层上所有的关键帧都是线性插值方式，则从第一个关键帧开始匀速变化到第二个关键帧。到达第二个关键帧后，变化率转为第二至第三个关键帧的变化率，并匀速变化到第三个关键帧。关键帧结束，变化停止。在【图表编辑器】中可观察到【线性】插值关键帧之间的连接线段显示为直线，如图 2-91 所示。

2）【贝塞尔曲线】插值

【贝塞尔曲线】插值的关键帧具有可调节的手柄，用于改变运动路径的形状，为关键帧提供最精确的插值，具有很好的可控性。

如果层上的所有关键帧都使用【贝塞尔曲线】插值方式，则关键帧间均会有一个平稳的过渡。【贝塞尔曲线】插值通过保持方向手柄的位置平行于连接前一关键帧和下一关键帧的直线来实现。通过调节手柄，可以改变关键帧的变化率，如图 2-92 所示。

3）【连续贝塞尔曲线】插值

【连续贝塞尔曲线】插值同【贝塞尔曲线】插值相似，【连续贝塞尔曲线】插值在穿过一个关键帧时，会产生一个平稳的变化率。与【贝塞尔曲线】插值不同的是，【连续贝塞尔曲线】插值的方向手柄在调整时只能保持直线，如图 2-93 所示。

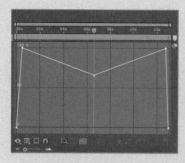
图 2-91　【线性】插值

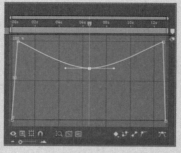
图 2-92　【贝塞尔曲线】插值

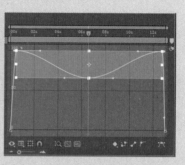
图 2-93　【连续贝塞尔曲线】插值

4）【自动贝塞尔曲线】插值

【自动贝塞尔曲线】插值在通过关键帧时产生一个平稳的变化率。它可以对关键帧两边的路径进行自动调节。如果以手动方式调节【自动贝塞尔曲线】插值，则关键帧插值变为【连续贝塞尔曲线】插值，如图 2-94 所示。

5）【定格】插值

【定格】插值根据时间来改变关键帧的值，关键帧之间没有任何过渡。使用【定格】插值，第一个关键帧的值保持不变，到下一个关键帧时，值立即变为下一关键帧的值，如图 2-95 所示。

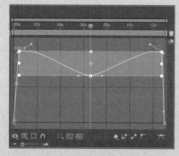
图 2-94　【自动贝塞尔曲线】插值

图 2-95　【定格】插值

■ 2.4.2　使用关键帧辅助

关键帧辅助可以优化关键帧，对关键帧动画的过渡进行控制，以减缓关键帧进入或离开的速度，使动画更加平滑，自然。

1. 柔缓曲线

该命令可以设置关键帧进入和离开时的平滑速度，可以使关键帧缓入缓出，选择需要柔缓的关键帧，如图 2-96 所示，在菜单栏中执行【动画】|【关键帧辅助】|【缓动】命令，如图 2-97 所示。

图 2-96　选择需要柔缓的关键帧

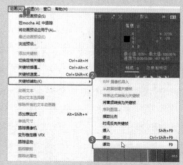
图 2-97　执行【缓动】命令

设置完成后的效果如图 2-98 所示。此时单击【图表编辑器】 按钮，可以看到关键帧发生了变化，如图 2-99 所示。

图 2-98　柔缓曲线效果　　　　　　　　　　　　　图 2-99　关键帧图标变化效果

2. 柔缓曲线入点

该命令只影响关键帧进入时的流畅速度，可以使进入关键帧速度变缓。选择需要柔缓的关键帧，如图 2-100 所示，在菜单栏中执行【动画】|【关键帧辅助】|【缓入】命令，如图 2-101 所示。

设置完成后的效果如图 2-102 所示。此时单击【图表编辑器】 按钮，可以看到关键帧发生了变化，如图 2-103 所示。

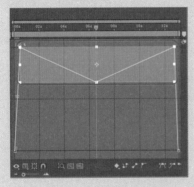

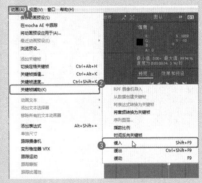

图 2-100　选择需要柔缓的关键帧　　　　　　　　图 2-101　执行【缓入】命令

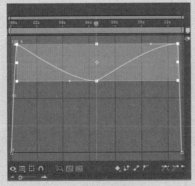

图 2-102　缓入效果　　　　　　　　　　　　　　图 2-103　缓入关键帧图标

3. 柔缓曲线出点

该命令只影响关键帧离开时的流畅速度，可以使离开的关键帧速度变缓。选择需要柔缓的关键帧，如图 2-104 所示，在菜单栏中执行【动画】|【关键帧辅助】|【缓出】命令，如图 2-105 所示。

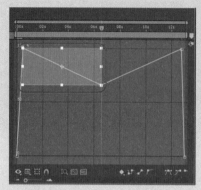

图 2-104 选择需要柔缓的关键帧　　　　图 2-105 选择【缓出】命令

设置完成后的效果如图 2-106 所示。此时单击【图表编辑器】按钮，可以看到关键帧发生了变化，如图 2-107 所示。

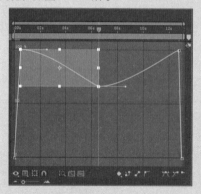

图 2-106 缓出效果　　　　图 2-107 缓出关键帧图标

■ 2.4.3 速度控制

在【图表编辑器】中可观察层的运动速度，线的位置高表示速度快，位置低表示速度慢，如图 2-108 所示。

在【合成】面板中，可通过观察运动路径上点的间隔了解速度的变化。路径上两个关键帧之间的点越密集，表示速度越慢；点越稀疏，表示速度越快。

速度调整方法如下。

1）调节关键帧间距

调节两个关键帧间的空间距离或时间距离可对动画速度进行调节。在【合成】面板中调整两个关键帧间的距离，距离越大，速度越快；距离越小，速度越慢。在【时间轴】面板中调整两个关键帧间的距离，距离越大，速度越慢；距离越小，速度越快。

2）控制手柄

在【图表编辑器】中可调节关键帧控制点上的缓冲手柄，产生加速、减速等效果，如图 2-109 所示。

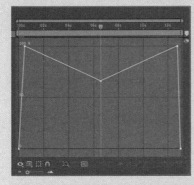

图 2-108　在【图表编辑器】中观察速度　　　　　图 2-109　控制手柄

拖动关键帧控制点上的缓冲手柄，即可调节该关键帧的速度。向上调节增大速度，向下调节减小速度。左右方向调节手柄，可以扩大或减小缓冲手柄对相邻关键帧产生的影响，如图 2-110 所示。

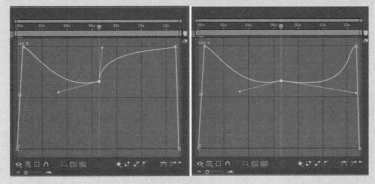

图 2-110　调整控制手柄

3）指定参数

在【时间轴】面板中，在要调整速度的关键帧上单击鼠标右键，在弹出的菜单中选择【关键帧速度】命令，打开【关键帧速度】对话框，如图 2-111 所示。当设置该对话框中某个项目的参数时，在【时间轴】面板中关键帧的图标也会发生变化。

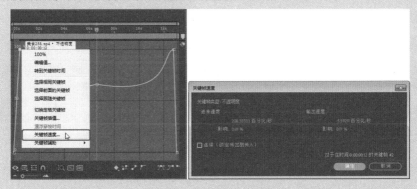

图 2-111　【关键帧速度】对话框

> **提示一下**
>
> 不同属性的关键帧在调整速率时，在对话框中的单位也不同。锚点和位置：像素／秒；遮罩形状：像素／秒，该速度用 X（水平）和 Y（垂直）两个量；缩放：百分比／秒，该速度用 X（水平）和 Y（垂直）两个量；旋转：度／秒；不透明度：百分比／秒。

- 引入速度：引入关键帧的速度。
- 引出速度：引出关键帧的速度。
- 速度：关键帧的平均运动速度。
- 影响：控制对前面关键帧（进入插值）或后面关键帧（离开插值）的影响程度。
- 连续：保持相等的进入和离开速度，产生平稳过渡效果。

■ 2.4.4　时间控制

选择要进行调整的层，单击鼠标右键，在弹出的菜单中选择【时间】命令，在其下的子菜单中包含有对当前层的 4 种时间控制命令，如图 2-112 所示。

1. 时间反向图层

选择【时间反向图层】命令，可对当前层实现反转，即影片倒播。在【时间轴】面板中，设置反转后的层会有斜线显示，如图 2-113 所示。选择【启用时间重映射】命令，当时间轴在 0:00:00:00 的时间位置时，"时间重置"显示为层的最后一帧。

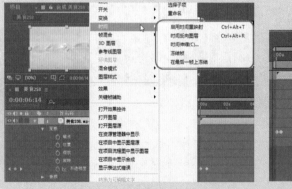
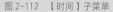

图 2-112　【时间】子菜单　　　　　　　　图 2-113　时间反向

2. 时间伸缩

选择【时间伸缩】命令，弹出【时间伸缩】对话框，显示了当前动画的播放时间和伸缩比例，如图 2-114 所示。

【伸缩比率】可按百分比设置层的持续时间。当参数大于 100% 时，层的持续时间变长，速度变慢；参数小于 100% 时，层的持续时间变短，速度变快。

设置【新建长度】参数，可为当前层设置一个精确的持续时间。

当双击某个关键帧时，弹出该关键帧的属性对话框，例如单击【不透明度】参数的其中一个关键帧，弹出【不透明度】对话框，如图 2-115 所示。

图 2-114 【时间伸缩】对话框　　　　　　　　　图 2-115 【不透明度】对话框

■ 2.4.5 动态草图

在菜单栏中执行【窗口】|【动态草图】命令，打开【动态草图】面板，如图 2-116 所示。
【动态草图】面板中各选项含义介绍如下。

- 【捕捉速度为】：指定一个百分比确定记录的速度与绘制路径的速度在回放时的关系。
  当参数大于 100% 时，回放速度快于绘制速度；小于 100% 时，回放速度慢于绘制速度；等于 100% 时，回放速度与绘制速度相同。
- 【平滑】：设置该参数，可以将运动路径进行平滑处理，数值越大路径越平滑。
- 【线框】：绘制运动路径时，显示层的边框。
- 【背景】：绘制运动路径时，显示【合成】面板内容。可以利用该选项显示【合成】
  面板内容，作为绘制运动路径的参考。该选项只显示【合成】面板中开始绘制时的第一帧。
- 【开始】：绘制运动路径的开始时间，即【时间轴】面板中工作区域的开始时间。
- 【持续时间】：绘制运动路径的持续时间，即【时间轴】面板中工作区域的总时间。
- 【开始捕捉】：单击该按钮，在【合成】面板中拖动层，绘制运动路径，如图 2-117 所示。
  松开鼠标后，结束路径绘制，如图 2-118 所示。运动路径只能在工作区内绘制，当超出工作区时，系统自动结束路径的绘制。

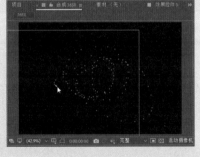

图 2-116 【动态草图】面板　　　　　　　图 2-117 绘制路径

图 2-118 完成后的效果

■ 2.4.6 平滑运动

在菜单栏中执行【窗口】|【平滑器】命令，打开【平滑器】面板，如图 2-119 所示。选择需要调节的层的关键帧，设置【宽容度】，单击【应用】按钮，完成操作。

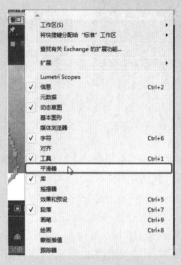

图 2-119 【平滑器】面板

该操作可适当减少运动路径上的关键帧，使路径平滑，如图 2-120 所示。

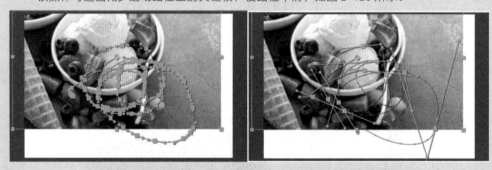

图 2-120 平滑路径效果对比

【平滑器】面板中各选项含义介绍如下。

- 【应用到】：控制平滑器应用到何种曲线。系统根据选择的关键帧属性自动选择曲线类型。
- 【时间图表】：依时间变化的时间图表。
- 【空间路径】：修改空间属性的空间路径。
- 【宽容度】：宽容度设置越高，产生的曲线越平滑，但过高的值会导致曲线变形。

■ 2.4.7 增加动画随机性

在菜单栏中执行【窗口】|【摇摆器】命令，打开【摇摆器】面板，如图 2-121 所示。

通过在该面板中进行设置，可以对依时间变化的属性增加随机性。该功能根据关键帧属

性及指定的选项，通过对属性增加关键帧或在已有的关键帧中进行随机插值，对原来的属性
值产生一定的偏差，使图像产生更为自然的运动效果，如图 2-122 所示。

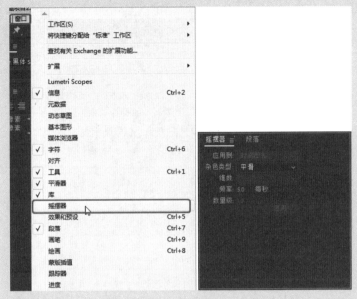

图 2-121 【摇摆器】面板

【摇摆器】面板各选项含义介绍如下。

- 【应用到】：设置摇摆变化的曲线类型。选择【空间路径】增加运动变化，选择【时间图表】增加速度变化。如果关键帧属性不属于空间变化，则只能选择【时间图表】。
- 【杂色类型】：选择【平滑】会产生平缓的变化，选择【成锯齿状】会产生强烈的变化。
- 【维数】：设置要影响的属性单元。选择【维数】对属性的单一单元进行变化。例如，选择在 X 轴对缩放属性随机化或在 Y 轴对缩放属性随机化；选择【所有相同】在所有单元上进行变化；选择【全部独立】对所有单元增加相同的变化。
- 【频率】：设置目标关键帧的频率，即每秒增加多少变化帧。低值产生较小的变化，高值产生较大的变化。
- 【数量级】：设置变化的最大尺寸，与应用变化的关键帧属性单位相同。

图 2-122 摇摆效果对比

自己练

项目练习 1：利用关键帧制作不透明度动画

效果展示：见图 2-123

图 2-123　利用关键帧制作不透明度动画

操作要领：

(1) 添加素材文件，并新建合成。

(2) 创建文字，在不同的时间位置设置【不透明度】参数。

(3) 使用相同的方法再创建一个文字图层。

项目练习 2：利用关键帧制作海报动画

效果展示：见图 2-124

图 2-124　利用关键帧制作海报动画

操作要领：

(1) 添加素材文件，并新建合成。

(2) 在时间轴面板中添加素材图层，并设置其【位置】关键帧。

(3) 设置完成后，在其他素材图层上设置【缩放】及【旋转】关键帧参数。

CHAPTER 03
蒙版的使用——摩托车宣传片

本章概述 SUMMARY

蒙版就是通过蒙版层中的图形或轮廓对象透出下面图层中的内容。本章主要介绍蒙版的创建、蒙版形状的编辑、【蒙版】属性设置以及遮罩特效。

☐ 基础知识

认识蒙版　　　　　　创建蒙版

☐ 重点知识

编辑蒙版形状　　　　设置蒙版属性

☐ 提高知识

蒙版的排序　　　　　遮罩特效

案例预览

摩托车宣传片

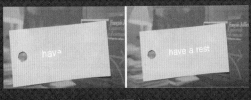

制作手写文字

制作撕裂效果

【入门必练】摩托车宣传片

摩托车，轻便灵活，行驶迅速，广泛用于巡逻、客货运输等，也用作体育运动器械。摩托车分为街车、公路赛摩托车、越野摩托车、巡航车、旅行车等。本案例将介绍运用蒙版、关键帧等制作摩托车宣传片，效果如图 3-1 所示。

图 3-1　摩托车宣传片

01 在【项目】面板中右击鼠标，在弹出的快捷菜单中选择【新建合成】命令，如图 3-2 所示。

02 在弹出的【合成设置】对话框中将【合成名称】设置为【图片 1】，将【宽度】【高度】分别设置为 1000、733，将【像素长宽比】设置为【方形像素】，将【帧速率】设置为 29.97，将持续时间设置为 0:00:10:00，将【背景颜色】的 RGB 值设置为 0、0、0，单击【确定】按钮，如图 3-3 所示。

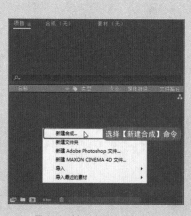

图 3-2　选择【新建合成】命令

图 3-3　设置合成参数

03 在【项目】面板中双击鼠标，在弹出的【导入文件】对话框中选择随书配备资源中的素材文件，单击【导入】按钮，如图 3-4 所示。

提示一下

还可以通过按Ctrl+I组合键打开【导入文件】对话框。

04 在【项目】面板中选择导入的素材文件，按住鼠标将其拖曳至【新建文件夹】按钮 上，将文件夹命名为"素材"，如图3-5所示。

图3-4 选择素材文件

图3-5 导入素材文件并新建文件夹

05 在【项目】面板中选择1.jpg素材文件，按住鼠标将其拖曳至【时间轴】面板中，将其【变换】下的【锚点】设置为173.5、0，将【位置】设置为120、-5.5，将【缩放】设置为124，如图3-6所示。

06 继续选中该素材文件，在工具栏中单击【矩形工具】 ，在【合成】面板中绘制一个矩形蒙版，在【时间轴】面板中单击【蒙版路径】右侧的【形状…】，在弹出的【蒙版形状】对话框中将【顶部】【底部】【左侧】【右侧】分别设置为1、594.8、76.8、280，单击【确定】按钮，如图3-7所示。

图3-6 设置变换下的参数

图3-7 创建蒙版

知识链接

　　蒙版是一个用参数来修改图层属性、效果和属性的路径。蒙版的最常见用法是修改图层的Alpha通道，以确定每个像素图层的透明度。蒙版的另一常见

知识链接

用法是用作对文本设置动画的路径。

　　闭合路径蒙版可以为图层创建透明区域。开放路径无法为图层创建透明区域，但可用作效果参数。可以将开放或闭合蒙版路径用作输入的效果，包括描边、路径文本、音频波形、音频频谱以及勾画。可以将闭合蒙版（而不是开放蒙版）用作输入的效果，包括填充、涂抹、改变形状、粒子运动场以及内部/外部键。

　　蒙版属于特定图层。每个图层可以包含多个蒙版。

　　可以使用形状工具绘制蒙版，使用钢笔工具绘制任意路径。

　　虽然蒙版路径的编辑和插值可提供一些额外功能，但绘制蒙版路径与在形状图层上绘制形状路径基本相同。可以使用表达式将蒙版路径链接到形状路径，这可将蒙版的优点融入形状图层，反之亦然。

　　蒙版在【时间轴】面板上的堆积顺序会影响它与其他蒙版的交互方式。可以将蒙版拖到【时间轴】面板中的【蒙版】属性组内的其他位置。

　　蒙版的【不透明度】属性确定闭合蒙版对蒙版区域内图层 Alpha 通道的影响。100% 的蒙版不透明度值对应于完全不透明的内部区域。蒙版外部的区域始终是完全透明的。要反转特定蒙版的内部和外部区域，需要在【时间轴】面板中选择蒙版名称旁边的【反转】选项。

07 在【时间轴】面板中将当前时间设置为 0:00:00:02，单击【蒙版路径】左侧的【时间变化秒表】按钮，单击【蒙版路径】右侧的【形状…】，在弹出的【蒙版形状】对话框中将【底部】设置为 1.1，单击【确定】按钮，如图 3-8 所示。

08 将当前时间设置为 0:00:01:00，在【蒙版形状】对话框中将【底部】设置为 594.8，单击【确定】按钮，如图 3-9 所示。

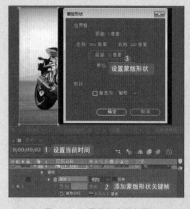
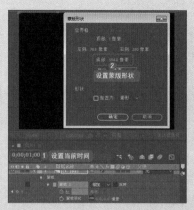

图 3-8 设置蒙版路径参数　　图 3-9 设置蒙版形状参数

09 在【时间轴】面板中右击鼠标，在弹出的快捷菜单中执行【新建】|【纯色】命令，如图 3-10 所示。

10 在弹出的【纯色设置】对话框中将【名称】设置为【黄色 1】，将【宽度】【高度】分别设置为 1000、733，将【颜色】的 RGB 值设置为 247、241、85，单击【确定】按钮，如图 3-11 所示。

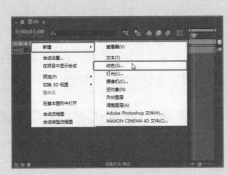

图 3-10　执行【纯色】命令　　　　　　　　　图 3-11　设置纯色参数

⑪ 将新建的纯色图层调整至 1.jpg 图层的下方，在工具栏中单击【矩形工具】，在【合成】面板中绘制一个矩形蒙版，在【蒙版形状】对话框中将【顶部】【底部】【左侧】【右侧】分别设置为 0、733、0、250，如图 3-12 所示。

⑫ 在【时间轴】面板中将当前时间设置为 0:00:00:00，单击【蒙版路径】左侧的【时间变化秒表】按钮，在【蒙版形状】对话框中将【底部】设置为 1，如图 3-13 所示。

图 3-12　设置蒙版形状　　　　　　　　　图 3-13　添加关键帧

⑬ 将当前时间设置为 0:00:01:00，在【蒙版形状】对话框中将【底部】设置为 733，如图 3-14 所示。

⑭ 在【时间轴】面板中选择 1.jpg 图层与【黄色 1】图层右侧的第一个关键帧，右击鼠标，在弹出的快捷菜单中执行【关键帧辅助】|【缓入】命令，如图 3-15 所示。

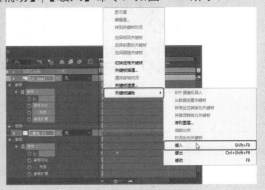

图 3-14　设置蒙版形状底部参数　　　　　　　图 3-15　执行【缓入】命令

⓯ 在【时间轴】面板中选择 1.jpg 图层与【黄色 1】图层右侧的第二个关键帧，
按 F9 键将选中的关键帧转换为【缓动】，如图 3-16 所示。

⓰ 在【时间轴】面板中选择 1.jpg 图层与【黄色 1】图层，按 Ctrl+D 组合键对
其进行复制，调整图层的排放顺序，并对复制的图层重命名，如图 3-17 所示。

图 3-16 将选中的关键帧转换为缓动　　　　　　　　图 3-17 复制图层

⓱ 在【时间轴】面板中选择【1 副本 2】与【黄色 2】两个图层的第一个关键帧，
将当前时间设置为 0:00:00:04，以【1 副本 2】对象的第一个关键帧为准，将关键帧
拖曳至与时间线对齐，如图 3-18 所示。

⓲ 选中【1 副本 2】图层，将当前时间设置为 0:00:00:04，单击【蒙版路径】右侧的【形
状…】，在弹出的对话框中将【顶部】【底部】【左侧】【右侧】分别设置为 590、
594.8、278.4、480，单击【确定】按钮，如图 3-19 所示。

┌─ 提示一下 ─○
│
│　　在设置蒙版形状时，建议先设置【底部】参数，再设置【顶部】参数，当【顶部】
│　参数大于【底部】参数时，【底部】参数将与【顶部】参数相同，并且无法改变。
└

图 3-18 复制图层并调整关键帧位置　　　　　　　　图 3-19 设置蒙版形状参数

⓳ 将当前时间设置为 0:00:01:00，将蒙版形状中的【顶部】【底部】【左侧】【右侧】
分别设置为 1、594.8、278.4、480，如图 3-20 所示。

⓴ 在【时间轴】面板中选择【黄色 2】图层，将当前时间设置为 0:00:00:02，将蒙
版形状中的【顶部】【底部】【左侧】【右侧】分别设置为 732、733、250、500，
如图 3-21 所示。

图 3-20 设置蒙版形状　　　　　　　　图 3-21 设置【黄色 2】图层蒙版形状

21 将当前时间设置为 0:00:01:00，将蒙版形状中的【顶部】【底部】【左侧】【右侧】分别设置为 0、733、250、500，如图 3-22 所示。

22 在【时间轴】面板中选择 1.jpg 与【黄色 1】两个图层，按 Ctrl+D 组合键对其进行复制，调整图层的排放顺序，并对复制的图层重命名，选择【1 副本 3】与【黄色 3】两个图层的第一个关键帧，将当前时间设置为 0:00:00:06，以【1 副本 3】对象的第一个关键帧为准，将关键帧拖曳至与时间线对齐，如图 3-23 所示。

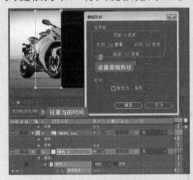

图 3-22 在其他时间设置蒙版形状　　　　图 3-23 复制图层并调整关键帧位置

23 选中【1 副本 3】图层，将当前时间设置为 0:00:00:06，单击【蒙版路径】右侧的【形状…】，在弹出的【蒙版形状】对话框中将【顶部】【底部】【左侧】【右侧】分别设置为 1、1、480、681.6，如图 3-24 所示。

24 将当前时间设置为 0:00:01:00，将蒙版形状中的【顶部】【底部】【左侧】【右侧】分别设置为 4.4、594.8、480、681.6，如图 3-25 所示。

图 3-24 设置【1 副本 3】图层蒙版形状　　图 3-25 在不同时间设置【1 副本 3】图层蒙版形状

㉕ 在【时间轴】面板中选择【黄色 3】图层，将当前时间设置为 0:00:00:04，将蒙版形状中的【左侧】【右侧】分别设置为 500、750，如图 3-26 所示。

㉖ 将当前时间设置为 0:00:01:00，将蒙版形状中的【左侧】【右侧】分别设置为 500、750，如图 3-27 所示。

图 3-26　设置蒙版形状　　　　　　　　图 3-27　在不同时间设置蒙版形状

㉗ 在【时间轴】面板中选择【1 副本 2】与【黄色 2】两个图层，按 Ctrl+D 组合键对图层进行复制，调整复制后的图层顺序，并对其进行重命名，将当前时间设置为 0:00:00:04，以【1 副本 4】图层的第一个关键帧为准，将关键帧拖曳至与时间线对齐，如图 3-28 所示。

㉘ 选中【1 副本 4】图层，将当前时间设置为 0:00:00:08，单击【蒙版路径】右侧的【形状…】，在弹出的【蒙版形状】对话框中将【顶部】【底部】【左侧】【右侧】分别设置为 594、594.8、680、883.2，如图 3-29 所示。

图 3-28　复制图层并调整关键帧位置　　　　图 3-29　设置蒙版形状

㉙ 将当前时间设置为 0:00:01:00，将蒙版形状中的【顶部】【底部】【左侧】【右侧】分别设置为 4.4、594.8、680、883.2，如图 3-30 所示。

㉚ 使用相同的方法在 0:00:00:06 处将【黄色 4】图层蒙版形状的【左侧】与【右侧】分别设置为 750、1000，在 0:00:01:00 处将蒙版形状的【左侧】与【右侧】分别设置为 750、1000，如图 3-31 所示。

㉛ 根据"图片 1"的制作方法制作"图片 2"运动效果，如图 3-32 所示。

㉜ 根据"图片 1"的制作方法制作"图片 3"运动效果，如图 3-33 所示。

图 3-30　在不同时间设置蒙版形状　　图 3-31　设置【黄色 4】图层蒙版形状

图 3-32　图片 2 效果　　　　　　　图 3-33　图片 3 效果

㉝ 新建【图片 4】合成文件，在【项目】面板中选择"6.jpg"素材文件，按住鼠标将其拖曳至【时间轴】面板中，将【变换】下的【缩放】设置为 70，如图 3-34 所示。

㉞ 在工具栏中单击【矩形工具】■，在【合成】面板中绘制一个矩形蒙版，在【蒙版形状】对话框中将【顶部】【底部】【左侧】【右侧】分别设置为 1.4、1048.6、840、1554.3，如图 3-35 所示。

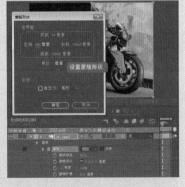

图 3-34　设置缩放参数　　　　　　图 3-35　绘制矩形蒙版

㉟ 在【时间轴】面板中将当前时间设置为 0:00:00:00，将【变换】下的【位置】设置为 500、−377.5，单击左侧的【时间变化秒表】按钮，如图 3-36 所示。

㊱ 将当前时间设置为 0:00:01:00，将【位置】设置为 500、366.5，如图 3-37 所示。

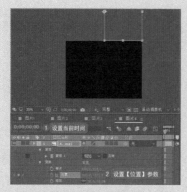 

图 3-36　设置位置参数　　　　图 3-37　在不同时间设置位置参数

37 在【项目】面板中选择 5.jpg 素材文件，按住鼠标将其拖曳至 6.jpg 图层的上方，将【变换】下的【缩放】设置为 96，在工具栏中单击【矩形工具】 ，在【合成】面板中绘制一个矩形蒙版，在【蒙版形状】对话框中将【顶部】【底部】【左侧】【右侧】分别设置为 2.2、765.8、162.2、1204，如图 3-38 所示。

38 在【时间轴】面板中将当前时间设置为 0:00:00:00，将【位置】设置为 47、1105.5，单击左侧的【时间变化秒表】 按钮，如图 3-39 所示。

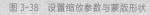 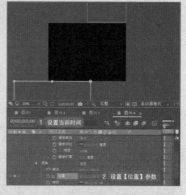

图 3-38　设置缩放参数与蒙版形状　　　图 3-39　设置位置参数

39 将当前时间设置为 0:00:01:00，将【位置】设置为 47、366.5，如图 3-40 所示。

40 在【时间轴】面板中将当前时间设置为 0:00:02:01，单击【位置】左侧的添加关键帧按钮 ，添加一个位置关键帧，如图 3-41 所示。

图 3-40　再次设置位置参数　　　　图 3-41　添加位置关键帧

41 在【时间轴】面板中将当前时间设置为 0:00:02:27，将【位置】设置为 502、366.5，如图 3-42 所示。

42 在【效果和预设】面板中搜索【投影】效果，按住鼠标将其添加至 5.jpg 素材文件上，在【时间轴】面板中将【投影】下的【方向】【距离】【柔和度】分别设置为 115、20、61，如图 3-43 所示。

图 3-42 设置位置参数

图 3-43 设置投影参数

43 在【项目】面板中选择 4.jpg 素材文件，按住鼠标将其拖曳至【时间轴】面板中，将【变换】下的【缩放】设置为 98，将该图层的入点时间设置为 0:00:03:22，如图 3-44 所示。

44 将当前时间设置为 0:00:03:27，在工具栏中单击【矩形工具】▭，在【合成】面板中绘制一个矩形蒙版，单击【蒙版路径】左侧的【时间变化秒表】◯按钮，在【蒙版形状】对话框中将【顶部】【底部】【左侧】【右侧】分别设置为 10、758、511.8、512，如图 3-45 所示。

图 3-44 设置缩放参数与入点时间

图 3-45 绘制矩形蒙版

45 按 Shift+F9 组合键将其转换为【缓入】，将当前时间设置为 0:00:04:28，在【蒙版形状】对话框中将【左侧】设置为 1.8，如图 3-46 所示。

46 按 F9 键将该关键帧转换为【缓动】，使用相同的方法添加【黄色 1】与【红色 1】两个图层，并进行与 4.jpg 素材文件相同的设置，如图 3-47 所示。

图 3-46　设置【左侧】参数

图 3-47　添加【黄色 1】与【红色 1】图层

47 在【时间轴】面板中选择 4.jpg、【黄色 1】【红色 1】3 个图层，按 Ctrl+D 组合键对选中的图层进行复制，并调整复制后图层的参数，如图 3-48 所示。

48 新建一个【宽度】【高度】为 720、575 的【文字】合成，将【持续时间】设置为 0:00:06:00，在工具栏中单击【横排文字工具】，在【合成】面板中单击鼠标，输入文字，选中输入的文字，在【字符】面板中将字体设置为【Adobe 黑体 Std】，将字体大小设置为 117 像素，将字符间距设置为 60，将水平缩放设置为 110，将字体颜色值设置为 #F4FFE8，单击【仿粗体】按钮，在【段落】面板中单击【居中对齐】按钮，并调整其位置，将文字的位置调整为 354、344，如图 3-49 所示。

图 3-48　复制图层并进行调整

图 3-49　输入文本并设置

49 选中该图层，在菜单栏中执行【效果】|【过渡】|【卡片擦除】命令，将当前时间设置为 0:00:00:00，在【时间轴】面板中将【卡片擦除】下的【过渡完成】设置为 0，将【行数】设置为 1，如图 3-50 所示。

50 将【位置抖动】下的【X 抖动量】【X 抖动速度】【Y 抖动速度】【Z 抖动量】【Z 抖动速度】分别设置为 0、1.4、0、0、1.5，单击【X 抖动量】【Z 抖动量】左侧的【时间变化秒表】按钮，如图 3-51 所示。

图 3-50　添加【卡片擦除】效果　　　　　图 3-51　设置【位置抖动】参数

　　【位置抖动】：指定 x、y 和 z 轴的抖动量和速度。【X 抖动量】【Y 抖动量】和【Z 抖动量】指定额外运动的量。【X 抖动速度】【Y 抖动速度】和【Z 抖动速度】指定每个【抖动量】选项的抖动速度。

　　【旋转抖动】指定围绕 x、y 和 z 轴的旋转抖动的量和速度。【X 旋转抖动量】【Y 旋转抖动量】和【Z 旋转抖动量】指定沿某个轴旋转抖动的量。值 90° 使卡片可在任意方向旋转最多 90°。【X 旋转抖动速度】【Y 旋转抖动速度】和【Z 旋转抖动速度】值指定旋转抖动的速度。

51 在【时间轴】面板中将当前时间设置为 0:00:02:14，单击【X 抖动速度】【Z 抖动速度】左侧的【时间变化秒表】按钮，将【X 抖动量】【Z 抖动量】分别设置为 4.98、6.13，如图 3-52 所示。

52 在【时间轴】面板中将当前时间设置为 0:00:03:12，将【位置抖动】下的【X 抖动量】【X 抖动速度】【Z 抖动量】【Z 抖动速度】都设置为 0，如图 3-53 所示。

图 3-52　设置位置抖动量　　　　　图 3-53　将位置抖动都设置为 0

53 在【时间轴】面板中将当前时间设置为 0:00:03:12，单击【卡片擦除】下【过渡完成】左侧的【时间变化秒表】![按钮]按钮，添加一个关键帧，如图 3-54 所示。

54 将当前时间设置为 0:00:04:12，将【卡片擦除】下的【过渡完成】设置为 100，如图 3-55 所示。

 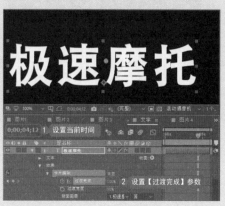

图 3-54　添加关键帧　　　　　　　　　　图 3-55　设置【过渡完成】参数

55 继续选中该图层，在菜单栏中执行【效果】|【模糊和锐化】|【高斯模糊】命令，在【时间轴】面板中将当前时间设置为 0:00:00:12，单击【高斯模糊】下的【模糊度】左侧的【时间变化秒表】按钮![按钮]，添加一个关键帧，如图 3-56 所示。

56 在【时间轴】面板中将当前时间设置为 0:00:03:12，将【高斯模糊】下的【模糊度】设置为 26.9，如图 3-57 所示。

图 3-56　添加关键帧　　　　　　　　　　图 3-57　设置【模糊度】参数

> **提示一下**
>
> 　　在实际操作过程中，【高斯模糊】是常用的一种模糊方式，【高斯模糊】不受图片质量的影响。

57 在【时间轴】面板中将当前时间设置为 0:00:04:12，将【高斯模糊】下的【模糊度】设置为 0，如图 3-58 所示。

58 继续选中该图层，按 Ctrl+D 组合键，对该图层进行复制，将复制后的图层中的【高斯模糊】效果删除，如图 3-59 所示。

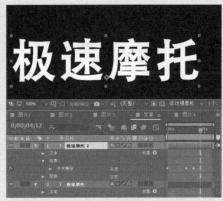

图 3-58　将模糊度设置为 0　　　　　　　　　　　　　图 3-59　复制图层

59 在菜单栏中执行【效果】|【模糊和锐化】|【定向模糊】命令，在【时间轴】面板中将当前时间设置为 0:00:00:00，将【定向模糊】下的【模糊长度】设置为 100，单击左侧的【时间变化秒表】按钮，添加一个关键帧，如图 3-60 所示。

60 在【时间轴】面板中将当前时间设置为 0:00:01:20，将【定向模糊】下的【模糊长度】设置为 50.3，如图 3-61 所示。

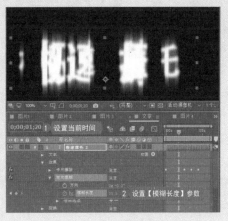

图 3-60　设置【定向模糊】并添加关键帧　　　　　　图 3-61　将【模糊长度】设置为 50.3

61 在【时间轴】面板中将当前时间设置为 0:00:03:12，将【定向模糊】下的【模糊长度】设置为 100，如图 3-62 所示。

62 在【时间轴】面板中将当前时间设置为 0:00:04:12，将【定向模糊】下的【模糊长度】设置为 50，如图 3-63 所示。

63 继续选中该图层，在菜单栏中执行【效果】|【颜色校正】|【色阶】命令，在【效果控件】面板中将【色阶】下的【通道】设置为 Alpha，将【Alpha 输入白色】【Alpha 灰度系数】【Alpha 输出黑色】【Alpha 输出白色】分别设置为 288.1、1.49、−7.6、306，如图 3-64 所示。

64 继续选中该图层，在菜单栏中执行【效果】|【颜色校正】|【色光】命令，为选

中的图层添加该效果，在【效果控件】面板中将【输入相位】下的【获取相位】设置为 Alpha，将【输出循环】下的【使用预设调板】设置为【渐变绿色】，如图 3-65 所示。

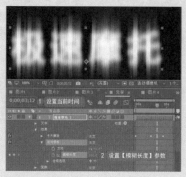

图 3-62　将【模糊长度】设置为 100

图 3-63　将【模糊长度】设置为 50

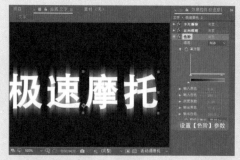

图 3-64　设置色阶参数

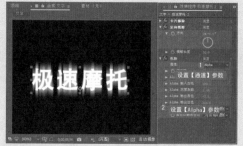

图 3-65　设置色光参数

㊺ 继续选中该图层，在【时间轴】面板中将该图层的混合模式设置为【相加】，如图 3-66 所示。

㊻ 新建一个【宽度】【高度】分别为 1000、733 的【文字 1】合成，将其持续时间设置为 0:00:10:00，在工具栏中单击【矩形工具】 ，将当前时间设置为 0:00:00:00，将【矩形 1】下的【大小】设置为 366.5、53，将【填充 1】下的【颜色】的 RGB 值设置为 57、152、132，将【变换】下的【位置】设置为 –35、384.5，单击左侧的【时间变化秒表】 按钮，将【不透明度】设置为 67，如图 3-67 所示。

图 3-66　设置混合模式

图 3-67　设置矩形参数

67 在【时间轴】面板中将当前时间设置为 0:00:00:15，将【位置】设置为 497、384.5，如图 3-68 所示。

68 将当前时间设置为 0:00:01:05，单击【位置】左侧的添加关键帧按钮◇，将【变换：矩形 1】下的【位置】设置为 -169.2、-56.5，如图 3-69 所示。

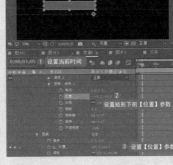

图 3-68　设置位置参数　　　　　　　　图 3-69　添加位置关键帧

69 在【时间轴】面板中将当前时间设置为 0:00:01:10，将【变换】下的【位置】参数设置为 1364、384.5，选中【位置】右侧的四个关键帧，按 F9 键将选中的关键帧转换为【缓动】，将【缩放】取消约束比例，将【缩放】设置为 100、131.3，如图 3-70 所示。

70 在工具栏中单击【横排文字工具】**T**，在【合成】面板中输入文字，将字体设置为【Adobe 黑体 Std】，将字体大小设置为 44，单击【仿粗体】**T** 按钮，将该文字设置为与矩形相同的运动动画，如图 3-71 所示。

图 3-70　设置位置与缩放参数　　　　　图 3-71　输入文字并设置动画

71 根据相同的方法再次创建垂直文本，并设置其垂直运动动画效果，如图 3-72 所示。

72 在【项目】面板中选择【文字 1】合成文件，将其复制粘贴，将粘贴后的合成文件命名为"文字 2"，并修改该合成中的文字，如图 3-73 所示。

73 在【项目】面板中新建一个【宽度】【高度】分别为 1000、733 的【摩托车宣传片】合成，并将其持续时间设置为 0:00:18:13，选择"图片 1"合成文件，按住鼠标将其拖曳至【时间轴】面板中，如图 3-74 所示。

74 使用相同的方法将"图片 2""图片 3""图片 4"分别添加至【时间轴】面板中，并设置其入点时间，如图 3-75 所示。

图 3-72　创建垂直文本并设置运动动画　　　图 3-73　复制合成文件并修改文字

图 3-74　新建合成并添加素材　　　图 3-75　添加素材并设置入点时间

75 在【项目】面板中选择 4.jpg 素材文件，将【缩放】设置为 98，将入点时间设置为 0:00:15:08，如图 3-76 所示。

76 在【效果和预设】面板中搜索【快速模糊（旧版）】，双击该效果，为选中的对象添加该效果，在【时间轴】面板中将当前时间设置为 0:00:15:12，单击【模糊度】左侧的【时间变化秒表】 按钮，如图 3-77 所示。

图 3-76　设置缩放与入点时间　　　图 3-77　设置【模糊度】参数

77 将当前时间设置为 0:00:16:15，将【模糊度】设置为 23，如图 3-78 所示。

78 在【时间轴】面板中右击鼠标，在弹出的快捷菜单中执行【新建】|【纯色】命令，在弹出的【纯色设置】对话框中将【名称】设置为【灯光】，将【宽度】【高度】分别设置为 3000、2200，将【颜色】的 RGB 值设置为 0、0、0，单击【确定】按钮，如图 3-79 所示。

图 3-78　设置【模糊度】参数

图 3-79　设置【纯色】参数

79 在【时间轴】面板中将当前时间设置为 0:00:11:24，将图层混合模式设置为【相加】，在【效果和预设】面板中搜索【镜头光晕】效果，双击该效果，为选中的对象添加该效果，将【变换】下的【位置】设置为 1500、1100，将【光晕中心】设置为 226、340，将【光晕亮度】设置为 0，单击左侧的【时间变化秒表】■按钮，将【镜头类型】设置为"105 毫米定焦"，如图 3-80 所示。

80 将当前时间设置为 0:00:11:28，将【光晕亮度】设置为 30，如图 3-81 所示。

图 3-80　设置镜头光晕

图 3-81　设置【光晕亮度】参数

81 将当前时间设置为 0:00:12:6，将【光晕亮度】设置为 21，如图 3-82 所示。

82 在【时间轴】面板中将当前时间设置为 0:00:14:06，单击【光晕亮度】左侧的添加关键帧按钮■，如图 3-83 所示。

图 3-82　在其他时间设置光晕亮度

图 3-83　添加关键帧

83 将当前时间设置为 0:00:14:18，将【光晕亮度】设置为 30，如图 3-84 所示。

84 将当前时间设置为 0:00:15:08，将【光晕亮度】设置为 0，如图 3-85 所示。

图 3-84　将【光晕亮度】设置为 30　　　　图 3-85　将【光晕亮度】设置为 0

85 在【项目】面板中选择【文字】合成文件，按住鼠标将其拖曳至【灯光】图层的上方，将图层混合模式设置为【相加】，将【缩放】设置为 130，将入点时间设置为 0:00:12:23，如图 3-86 所示。

86 使用同样的方法添加其他对象，并设置其图层混合模式与入点时间，将背景音乐添加至图层底部即可，如图 3-87 所示。

图 3-86　设置【缩放】参数与入点时间　　　　图 3-87　添加其他对象后的效果

3.1　认识蒙版

一般来说，蒙版需要有两个层，一个是轮廓层，即蒙版层；另一个是被蒙版层，即蒙版下面的层。蒙版层的轮廓形状决定看到的图像形状，而被蒙版层决定显示的内容。

3.2　创建蒙版

在 After Effects 自带的工具栏中，可以利用相关的蒙版工具创建如矩形、圆形和自由形状的蒙版。

■ 3.2.1 使用【矩形工具】创建蒙版

在工具栏中选取【矩形工具】▢可以创建矩形或正方形蒙版。选择要创建蒙版的层，在工具栏中选择【矩形工具】▢，在【合成】面板中单击鼠标左键并拖动即可绘制一个矩形蒙版区域，如图 3-88 所示。在矩形蒙版区域中将显示当前层的图像，矩形以外的部分将被隐藏。

选择要创建蒙版的层，双击工具栏中的【矩形工具】▢，可以快速创建一个与层素材大小相同的矩形蒙版，如图 3-89 所示。在绘制蒙版时，如果按住 Shift 键，可以创建一个正方形蒙版。

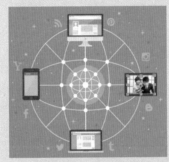 

图 3-88　绘制矩形蒙版　　　　　　　图 3-89　创建蒙版

提示一下
在绘制矩形蒙版时，移动鼠标并按住空格键可以移动绘制的图形蒙版。

■ 3.2.2 使用【圆角矩形工具】创建蒙版

使用【圆角矩形工具】▢创建蒙版与使用【矩形工具】▢创建蒙版的方法相同，这里不再赘述，如图 3-90 所示。

选择要创建蒙版的层，双击工具栏中的【圆角矩形工具】▢，可沿层的边创建一个最大程度的圆角矩形蒙版。在绘制蒙版时，如果按住 Shift 键，可以创建一个圆角的正方形蒙版，如图 3-91 所示。

图 3-90　绘制圆角矩形蒙版　　　　　图 3-91　绘制正方形圆角蒙版

■ 3.2.3 使用【椭圆工具】创建蒙版

选择要创建蒙版的层，在工具栏中选择【椭圆工具】◯，在【合成】面板中单击鼠标左键并按住 Shift 键拖动鼠标即可绘制一个正圆形蒙版区域，如图 3-92 所示，在椭圆形蒙版区域中将显示当前层的图像，椭圆形以外的部分变成透明。

选择要创建蒙版的层，双击工具栏中的【椭圆工具】◯，可沿层的边创建一个最大程度的椭圆形蒙版，如图 3-93 所示。

图 3-92　正圆形蒙版　　　　　图 3-93　双击工具创建最大蒙版

■ 3.2.4　使用【多边形工具】创建蒙版

使用【多边形工具】◯可以创建一个正五边形蒙版。选择要创建蒙版的层，在工具栏中选择【多边形工具】◯。在【合成】面板中，单击鼠标左键并拖动即可绘制一个正五边形蒙版区域，如图 3-94 所示，在正五边形蒙版区域中将显示当前层的图像，正五边形以外的部分变成透明。

图 3-94　绘制正五边形蒙版

提示一下

在绘制蒙版时，如果按住 Shift 键可固定它们的创建角度。

■ 3.2.5　使用【星形工具】创建蒙版

使用【星形工具】★可以创建一个星形蒙版，使用该工具创建蒙版的方法与使用【多边形工具】◯创建蒙版的方法相同，这里不再赘述，如图 3-95 所示。

图 3-95　绘制星形蒙版

■ 3.2.6　使用【钢笔工具】创建蒙版

使用【钢笔工具】✐可以绘制任意形状的蒙版，不但可以绘制封闭的蒙版，还可以绘制开放的蒙版。【钢笔工具】 具有很高的灵活性，可以绘制直线，也可以绘制曲线，可以绘制直角多边形，也可以绘制弯曲的任意形状。

选择要创建蒙版的层，在工具栏中选择【钢笔工具】 。在【合成】面板中单击鼠标左键创建第 1 点，在其他区域单击鼠标左键创建第 2 点，若连续单击下去，可以创建一个直线的蒙版轮廓，如图 3-96 所示。

如果按下鼠标左键并拖动，可以绘制一个曲线点，以创建曲线。多次创建后，可以创建一个弯曲的曲线轮廓，如图 3-97 所示。使用【转换"顶点"工具】 ，可以对顶点进行转换，将直线转换为曲线或将曲线转换为直线。

图 3-96　直线蒙版轮廓　　　　　　　　　图 3-97　曲线蒙版轮廓

如果想绘制开放蒙版，可以在绘制到需要的程度后，按住 Ctrl 键的同时在【合成】面板中单击鼠标左键，即可结束绘制，如图 3-98 所示。

如果想绘制封闭蒙版，则可以将鼠标光标移到开始点的位置，当光标变成 样式时单击，即可将路径封闭，如图 3-99 所示。

图 3-98　绘制开放蒙版　　　　　　　　图 3-99　绘制封闭蒙版

3.3　编辑蒙版形状

创建完蒙版后，可以根据需要对蒙版的形状进行编辑，以更适合图像轮廓的要求。下面介绍编辑蒙版形状的方法。

■ 3.3.1　选择顶点

创建蒙版后，可以在创建的形状上看到小的方形控制点，这些控制点就是顶点。

选中的顶点与没有选中的顶点是不同的，选中的顶点是实心的方形，没有选中的顶点是空心的方形。

选择顶点的方法如下。

使用【选取工具】 ▶ 在顶点上单击，如图 3-100 所示。如果想选择多个顶点，可以在按住 Shift 键的同时分别单击要选择的顶点。

在【合成】面板中单击鼠标左键并拖动，将出现一个矩形选框，被矩形选框框住的顶点都将被选中，如图 3-101 所示。

图 3-100　选择顶点　　　　　　图 3-101　矩形选框

> **提示一下**
>
> 在按住 Alt 键的同时单击其中一个顶点，可以选择所有的顶点。

3.3.2　移动顶点

选中蒙版图形的顶点，通过移动顶点，可以改变蒙版的形状，操作方法如下。

在工具栏中使用【选取工具】 ▶ ，在【合成】面板中选择一个顶点，如图 3-102 所示。将其拖动到其他位置即可，如图 3-103 所示。

图 3-102　选择顶点　　　　　　图 3-103　移动顶点后的效果

3.3.3　添加 / 删除顶点

通过使用【添加"顶点"工具】 ✎ 和【删除"顶点"工具】 ✎ ，可以在绘制的形状上添加或删除顶点，从而改变蒙版的轮廓结构。

1. 添加顶点

在工具栏中选择【添加"顶点"工具】 ✎ ，将鼠标移动到路径上需要添加顶点的位置处，单击鼠标左键，即可添加一个顶点，如图 3-104 所示为添加顶点前后的对比效果。多次在路径上不同的位置单击，可以添加多个顶点。

图 3-104　添加顶点前后的对比效果

2. 删除顶点

在工具栏中选择【删除"顶点"工具】 ，将鼠标移动到需要删除的顶点上单击鼠标左键，即可删除该顶点。如图 3-105 所示为删除顶点前后的对比效果。

图 3-105　删除顶点

> **提示一下**
>
> 选择需要删除的顶点，在菜单栏中执行【编辑】|【清除】命令或按 Delete 键，也可将选择的顶点删除。

3.3.4　顶点的转换

绘制的形状上的顶点可以分为两种：角点和曲线点，如图 3-106 所示。

- 角点：顶点的两侧都是直线，没有弯曲角度。
- 曲线点：一个顶点有两个控制手柄，可以控制曲线的弯曲程度。

使用工具栏中的【转换"顶点"工具】 ，可以将角点和曲线点进行快速转换，如图 3-107 所示。转换的操作方法如下。

- 使用工具栏中的【转换"顶点"工具】 ，在曲线点上单击，即可将曲线点转换为角点。
- 使用工具栏中的【转换"顶点"工具】 ，单击角点并拖动，即可将角点转换成曲线点。

> **提示一下**
>
> 当转换成曲线点后，使用【选取工具】 可以手动调节曲线点两侧的控制柄，以修改蒙版的形状。

图 3-106　角点和曲线点　　　　　　　　　　　图 3-107　顶点转换

■ 3.3.5　蒙版羽化

在工具栏中选择【蒙版羽化工具】 ，单击蒙版轮廓边缘可添加羽化顶点，如图 3-108 所示。

图 3-108　添加羽化顶点

在添加羽化顶点时，按住鼠标不放，拖动羽化顶点可以为蒙版调整羽化效果，如图 3-109 所示。

图 3-109　为蒙版调整羽化效果

3.4　【蒙版】属性设置

创建蒙版后，会在【时间轴】面板中添加一组新的属性——【蒙版】，如图 3-110 所示。

图 3-110 【蒙版】属性

3.4.1 锁定蒙版

为了避免操作中出现失误，可以将蒙版锁定，锁定后的蒙版将不能被修改。锁定蒙版的操作方法如下。

在【时间轴】面板中展开【蒙版】属性组。

单击要锁定的【蒙版 1】左侧的■图标，此时该图标变成🔒，表示该蒙版已锁定，如图 3-111所示。

图 3-111 锁定蒙版

3.4.2 蒙版的混合模式

当一个层上有多个蒙版时，可在这些蒙版之间添加不同的模式来产生各种效果。在【时间轴】面板中选择层，打开【蒙版】属性栏。蒙版的默认模式为【相加】，单击【相加】按钮，在弹出的下拉菜单中可选择蒙版的其他模式，如图 3-112 所示。

图 3-112 蒙版模式下拉菜单

使用【椭圆工具】 ⬤ 和【多边形工具】 ⬤ 为层绘制两个交叉的蒙版，如图 3-113 所示。其中将蒙版 1 的模式设置为【相加】，下面通过改变蒙版 2 的模式来演示效果。

- 【无】：在【无】混合模式下的路径没有蒙版作用，仅作为路径存在，如图 3-114 所示。

图 3-113　绘制交叉的蒙版

图 3-114　【无】模式

- 【相加】：使用该模式，在合成图像上显示所有蒙版内容，蒙版相交部分不透明度相加。如图 3-115 所示，蒙版 1 的【不透明度】为 80%，蒙版 2 的【不透明度】为 50%。
- 【相减】：使用该模式，上面的蒙版减去下面的蒙版，被减去区域内容不在合成图像上显示，如图 3-116 所示。

图 3-115　【相加】模式

图 3-116　【相减】模式

- 【交集】：该模式只显示所选蒙版与其他蒙版相交部分的内容，如图 3-117 所示。
- 【变亮】：该模式与【相加】模式效果相同，但是对于蒙版相交部分的不透明度则采用不透明度较高的那个值，如图 3-118 所示，蒙版 1 的【不透明度】为 100%，蒙版 2 的【不透明度】为 60%。

图 3-117　【交集】模式

图 3-118　【变亮】模式

- 【变暗】：该模式与【相减】模式效果相同，但是对于蒙版相交部分的不透明度则采用不透明度较小的那个值。如图 3-119 所示，蒙版 1 的【不透明度】为 100%，蒙版 2 的【不透明度】为 50%。
- 【差值】：应用该模式，蒙版将采取并集减交集的方式，在合成图像上只显示相交部分以外的所有蒙版区域，如图 3-120 所示。

图 3-119 【变暗】模式　　　　　　　　　　图 3-120 【差值】模式

3.4.3 反转蒙版

在默认情况下，显示蒙版以内当前层的图像，蒙版以外将不显示。勾选【时间轴】面板中的【反转】复选框可设置蒙版的反转，也可以在菜单栏中选择【图层】|【蒙版】|【反转】命令，如图 3-121 所示，如图 3-122 所示为反转蒙版前后的对比效果。

图 3-121 选择【反转】命令　　　　　　　　图 3-122 反转蒙版

3.4.4 蒙版路径

单击【蒙版】属性中【蒙版路径】右侧的【形状…】，弹出【蒙版形状】对话框，如图 3-123 所示。在【定界框】区域中，设置【顶部】【底部】【左侧】【右侧】选项参数，可以修改当前蒙版的大小。通过【单位】下拉列表可以为修改值设置一个适当的单位。

图 3-123 【蒙版形状】对话框

在【形状】区域中可以修改当前蒙版的形状，将其改成矩形或椭圆。

● 选择【矩形】选项，可以将该蒙版形状修改为矩形，如图 3-124 所示。

● 选择【椭圆】选项，可以将该蒙版形状修改为椭圆，如图 3-125 所示。

图 3-124 矩形蒙版　　　　　　　　图 3-125 椭圆形蒙版

■ 3.4.5 蒙版羽化

通过设置【蒙版羽化】参数可以对蒙版的边缘进行柔化处理，制作出虚化的边缘效果，如图 3-126 所示。

在菜单栏中执行【图层】|【蒙版】|【蒙版羽化】命令，或在图层的【蒙版】|【蒙版 1】|【蒙版羽化】参数上单击鼠标右键，在弹出的快捷菜单中选择【编辑值】命令，弹出【蒙版羽化】对话框，设置羽化参数，如图 3-127 所示。

图 3-126 蒙版羽化　　　　　　　　图 3-127 【蒙版羽化】对话框

设置水平羽化或垂直羽化，可在【时间轴】面板中单击【蒙版羽化】右侧的【约束比例】按钮 ，将约束比例取消，分别调整水平或垂直羽化值。水平羽化和垂直羽化效果如图 3-128 所示。

图 3-128 水平羽化和垂直羽化效果

3.4.6 蒙版不透明度

通过设置【蒙版不透明度】参数可以调整蒙版的不透明度。如图 3-129 所示为参数分别为 100% 和 50% 的效果。

图 3-129 设置【蒙版不透明度】参数

在图层的【蒙版】|【蒙版1】|【蒙版不透明度】参数上单击鼠标右键，在弹出的快捷菜单中选择【编辑值】命令，或在菜单栏中执行【图层】|【蒙版】|【蒙版不透明度】命令，弹出【蒙版不透明度】对话框，设置透明度参数，如图 3-130、图 3-131 所示。

图 3-130 选择【蒙版不透明度】命令　　　　　图 3-131 【蒙版不透明度】对话框

3.4.7 蒙版扩展

蒙版的范围可以通过【蒙版扩展】参数来调整，当参数值为正值时，蒙版范围将向外扩展，如图 3-132 所示。当参数值为负值时，蒙版范围将向里收缩，如图 3-133 所示。

图 3-132 参数值为正值　　　　　图 3-133 参数值为负值

在图层的【蒙版】|【蒙版 1】|【蒙版扩展】参数上单击鼠标右键，在弹出的快捷菜单中选择【编辑值】命令，或在菜单栏中执行【图层】|【蒙版】|【蒙版扩展】命令，弹出【蒙版扩展】对话框，设置扩展参数，如图 3-134、图 3-135 所示。

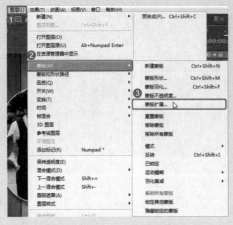

图 3-134 选择【蒙版扩展】命令 图 3-135 【蒙版扩展】对话框

3.5 多蒙版操作

After Effects 支持在同一个层上建立多个蒙版，各蒙版间可以进行叠加。层上的蒙版以创建的先后顺序命名、排列。蒙版的名称和排列位置可以改变。

■ 3.5.1 多蒙版的选择

After Effects 可以在同一层中同时选择多个蒙版进行操作，选择多个蒙版的方法如下。

● 在【合成】面板中，选择一个蒙版后，按住 Shift 键可同时选择其他蒙版的控制点。
● 在【合成】面板中，选择一个蒙版后，按住 Alt+Shift 组合键，单击要选择的蒙版的一个控制点即可。
● 在【时间轴】面板中打开层的【蒙版】卷展栏，按住 Ctrl 键或 Shift 键选择蒙版。
● 在【时间轴】面板中打开层的【蒙版】卷展栏，使用鼠标框选蒙版。

■ 3.5.2 蒙版的排序

默认状态下，系统以蒙版创建的顺序为蒙版命名，例如：【蒙版 1】【蒙版 2】……蒙版的名称和顺序都可以改变，为蒙版排序的方法如下。

● 在【时间轴】面板中选择要改变顺序的蒙版，按住鼠标左键，将蒙版拖曳至目标位置，即可改变蒙版的排列顺序，如图 3-136 所示。
● 在【时间轴】面板中选择要改变顺序的蒙版，在菜单栏中执行【图层】|【排列】命令，在弹出的菜单中有 4 种排列命令，如图 3-137 所示。
● 【将蒙版置于顶层】：可以将蒙版移至顶部位置。

     ➘ 【使蒙版前移一层】：可以将蒙版向上移动一层。

     ➘ 【使蒙版后移一层】：可以将蒙版向下移动一层。

     ➘ 【将蒙版置于底层】：可以将蒙版移至底部位置。

图 3-136　拖曳蒙版

图 3-137　选择【排列】命令

3.6　遮罩特效

　　【遮罩】特效组包含【调整实边遮罩】【调整柔和遮罩】、mocha shape、【遮罩阻塞工具】和【简单阻塞工具】5 种，利用【遮罩】特效可以将带有 Alpha 通道的图像进行收缩或描绘的应用。

■ 3.6.1　调整实边遮罩

　　使用【调整实边遮罩】效果可改善现有实边 Alpha 通道的边缘。【调整实边遮罩】效果是 After Effects 以前版本中【调整遮罩】效果的更新，其参数如图 3-138 所示。

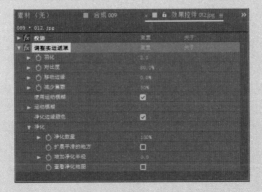

图 3-138　调整实边遮罩

- 【羽化】：增大此值，可通过平滑边缘，降低遮罩中曲线的锐度。
- 【对比度】：确定遮罩的对比度。如果【羽化】值为 0，则此属性不起作用。与【羽化】属性不同，【对比度】跨边缘应用。
- 【移动边缘】：相对于【羽化】属性值，遮罩扩展的数量，其结果与【遮罩阻塞工具】效果内的【阻塞】属性结果非常相似，只是值的范围从 -100% 到 100%（而非 -127 到 127）。
- 【减少震颤】：增大此属性可减少边缘逐帧移动时的不规则更改。此属性确定在跨邻近帧执行加权平均以防止遮罩边缘不规则地逐帧移动时出现重叠，当前帧应具有多大影响力。如果【减少震颤】值高，则震颤减少程度强，当前帧被认为震颤较少。如果【减少震颤】值低，则震颤减少程度弱，当前帧被认为震颤较多。如果【减少震颤】值为 0，则认为仅当前帧需要遮罩优化。

提示一下

如果前景物体不移动，但遮罩边缘正在移动和变化，请增加【减少震颤】属性的值。如果前景物体正在移动，但遮罩边缘没有移动，请降低【减少震颤】属性的值。

- 【使用运动模糊】：选中此选项可用运动模糊渲染遮罩。这个高品质选项虽然比较慢，但能产生更干净的边缘。在【调整实边遮罩】效果中，如要使用任何运动模糊，则需要打开此选项。
- 【净化边缘颜色】：选中此选项可净化（纯化）边缘像素的颜色。从前景像素中移除背景颜色有助于修正经运动模糊处理的其中含有背景颜色的前景对象的光晕和杂色。此净化的强度由【净化数量】决定。
  - 【净化数量】：确定净化的强度。
  - 【扩展平滑的地方】：只有在【减少震颤】大于 0 并选择了【净化边缘颜色】时才有作用。清洁为减少震颤而移动的边缘。
  - 【增加净化半径】：为边缘颜色净化（也包括任何净化，如羽化、运动模糊和扩展净化）而增加的半径（像素）。
  - 【查看净化地图】：显示哪些像素将通过边缘颜色净化而被清除。

■ 3.6.2　调整柔和遮罩

【调整柔和遮罩】特效主要是通过参数属性来调整蒙版与背景之间的衔接过渡，使画面更加柔和，是 After Effects CC 新增加的效果特效。使用新的【调整柔和遮罩】效果可以定义柔和遮罩。此效果使用额外的进程来自动计算更加精细的边缘细节和透明区域，其参数如图 3-139 所示。

- 【计算边缘细节】：计算半透明边缘，拉出边缘区域中的细节。
- 【其他边缘半径】：沿整个边界添加均匀的边界带，描边的宽度由此值确定。
- 【查看边缘区域】：将边缘区域渲染为黄色，前景和背景渲染为灰度图像（背景光线比前景更暗）。
- 【平滑】：沿 Alpha 边界进行平滑，跨边界保存半透明细节。

- 【羽化】：在优化后的区域中模糊 Alpha 通道。如图 3-140 所示为参数分别为 20% 和 100% 的效果。

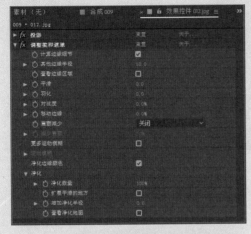

图 3-139　【调整柔和遮罩】效果

图 3-140　设置【羽化】参数

- 【对比度】：在优化后的区域中设置 Alpha 通道对比度。
- 【移动边缘】：相对于【羽化】属性值，遮罩扩展的数量，值的范围从 -100% 到 100%。
- 【震颤减少】：启用或禁用【震颤减少】，可以选择【更多细节】或【更平滑（更慢）】。
- 【减少震颤】：增大此属性可减少边缘逐帧移动时的不规则更改。【更多细节】的最大值为 100%，【更平滑（更慢）】的最大值为 400%。
- 【更多运动模糊】：选中此选项可用运动模糊渲染遮罩。这个高品质选项虽然比较慢，但能产生更干净的边缘。此选项可以控制样本数和快门角度，其意义与合成设置的运动模糊相同。在【调整柔和遮罩】效果中，源图像中的任何运动模糊都会被保留，只有希望向素材添加效果时才需使用此选项。
- 【运动模糊】：用于设置抠像区域的动态模糊效果。
  - 【每帧采样数】：用于设置每帧图像前后采集运动模糊效果的帧数，数值越大动态模糊越强烈，需要渲染的时间也就越长。
  - 【快门角度】：用于设置快门的角度。
  - 【更高品质】：勾选该复选框，可让图像在动态模糊状态下保持较高的影像质量。
- 【净化边缘颜色】：选中此选项可净化（纯化）边缘像素的颜色。从前景像素中移除背景颜色有助于修正经运动模糊处理的其中含有背景颜色的前景对象的光晕和杂色。此净化的强度由【净化数量】决定。
  - 【净化数量】：确定净化的强度。
  - 【扩展平滑的地方】：只有在【减少震颤】大于 0 并选择了【净化边缘颜色】时才有作用。清洁为减少震颤而移动的边缘。
  - 【增加净化半径】：为边缘颜色净化（也包括任何净化，如羽化、运动模糊和扩展净化）而增加的半径值量（像素）。
  - 【查看净化地图】：显示哪些像素将通过边缘颜色净化而被清除，其中白色边缘部分为净化半径作用区域，如图 3-141 所示。

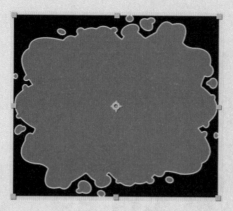

图 3-141　查看净化地图

3.6.3　mocha shape

mocha shape 特效主要是为抠像层添加形状或颜色蒙版效果，以便对该蒙版做进一步动画抠像，其参数如图 3-142 所示。

图 3-142　mocha shape 效果参数

- 【Blend mode（混合模式）】：用于设置抠像层的混合模式。包括【Add（相加）】【Subtract（相减）】和【Multiply（正片叠底）】3 种模式。
- 【Invert（反转）】：勾选该复选框，可以对抠像区域进行反转设置。
- 【Render edge width（渲染边缘宽度）】：勾选该复选框，可以对抠像边缘的宽度进行渲染。
- 【Render type（渲染类型）】：用于设置抠像区域的渲染类型。包括【Shape cutout（形状剪贴）】【Color composite（颜色合成）】和【Color shape cutout（颜色形状剪贴）】3 种类型。
- 【Shape colour（形状颜色）】：用于设置蒙版的颜色
- 【Opacity（透明度）】：用于设置抠像区域的不透明度。

3.6.4　遮罩阻塞工具

【遮罩阻塞工具】特效主要用于对带有 Alpha 通道的图像进行控制，可以收缩和扩展 Alpha 通道图像的边缘，达到修改边缘的效果，其参数如图 3-143 所示。

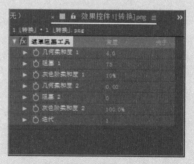

图 3-143　【遮罩阻塞工具】效果参数

- 【几何柔和度 1】/【几何柔和度 2】：用于设置边缘的柔和程度。
- 【阻塞 1】/【阻塞 2】：用于设置阻塞的数量。正值代表图像扩展，负值代表图像收缩。
- 【灰色阶柔和度 1】/【灰色阶柔和度 2】：用于设置边缘的柔和程度。值越大，边缘柔和程度越强烈。

● 【迭代】：用于设置蒙版扩展边缘的重复次数。如图 3-144 所示为参数分别为 10 和 50 的效果。

图 3-144　设置【迭代】参数

3.6.5　简单阻塞工具

【简单阻塞工具】特效与【遮罩阻塞工具】特效相似，只能作用于 Alpha 通道，其参数如图 3-145 所示。

● 【视图】：在右侧的下拉列表中可以选择显示图像的最终效果。

ↆ 【最终输出】：表示以图像为最终输出效果。

ↆ 【遮罩】：表示以蒙版为最终输出效果，如图 3-146 所示。

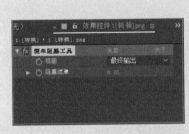

图 3-145　【简单阻塞工具】效果参数

图 3-146　【最终输出】和【蒙版】效果

● 【阻塞遮罩】：用于设置蒙版的阻塞程度。正值代表图像扩展，负值代表图像收缩。如图 3-147 所示为参数分别为 −50 和 100 的效果。

图 3-147　设置【阻塞遮罩】

自己练

项目练习 1：制作手写文字

效果展示：见图 3-148

图 3-148　制作手写文字

操作要领：

(1) 导入素材文件并输入文字。

(2) 在图层上使用【钢笔工具】绘制多个蒙版路径。

(3) 为图层添加多个【描边】效果，设置【蒙版路径】描边效果。

项目练习 2：制作撕裂效果

效果展示：见图 3-149

图 3-149　制作撕裂效果

操作要领：

(1) 导入素材文件，以心形单独创建一个合成。

(2) 为心形创建蒙版，并设置 **CC Page Turn**。

(3) 创建新的合成，将前面创建的合成添加到新的合成中，添加【投影】效果。

CHAPTER 04

3D 图层——爱在七夕片头动画

本章概述 SUMMARY

在After Effects CC 2018中可以将二维图层转换为3D图层，这样可以更好地把握画面的透视关系和最终的画面效果。本章将对 After Effects CC 2018 的三维合成功能做具体的介绍。

■ 基础知识
三维空间合成的工作环境　　　　3D 图层的基本操作

■ 重点知识
3D 视图　　　　　　　　　　　创建灯光

■ 提高知识
灯光类型　　　　　　　　　　　摄像机的应用

案例预览

【爱在七夕片头动画】效果

制作旋转立体盒子　　　　　　　制作旋转文字效果

【入门必练】爱在七夕片头动画

本案例将制作爱在七夕片头动画,首先将素材文件添加到【项目】面板中,通过对素材的缩放和添加关键帧,使其呈现出动画效果,效果如图4-1所示。

图 4-1　效果展示

01 按 Ctrl+N 组合键,弹出【合成设置】对话框,将【合成名称】设置为【爱在七夕】,在【基本】选项组中,将【宽度】和【高度】分别设置为 780、432,将【像素长宽比】设为【方形像素】,将【帧速率】设置为 2,将【持续时间】设置为 0:00:09:00,【背景颜色】设置为黑色,单击【确定】按钮,如图 4-2 所示。

02 切换到【项目】面板,双击鼠标,弹出【导入文件】对话框,选择随书配备资源中的素材文件,单击【导入】按钮,如图 4-3 所示。

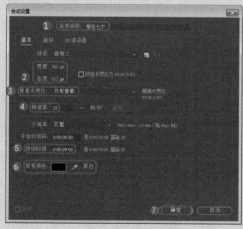

图 4-2　合成设置

图 4-3　选择素材文件

03 在【项目】面板中查看导入的素材文件,如图 4-4 所示。

04 在【项目】面板中选择"浪漫背景 .jpg"文件,将其拖曳至【时间轴】面板中,如图 4-5 所示。

05 将当前时间设置为 0:00:04:00,打开【变换】选项组,单击【缩放】左边的【时间变换秒表】按钮,添加关键帧,如图 4-6 所示。

06 在【时间轴】面板中将当前时间设置为 0:00:08:00,将【缩放】设为 135,如图 4-7 所示。

图 4-4　查看导入的素材文件　　　图 4-5　添加素材到时间轴

图 4-6　添加关键帧

图 4-7　设置【缩放】参数

07 在【项目】面板中选择"爱在七夕片头动画 .png"素材文件，将其添加到【浪漫背景】图层的上方，并单击【3D 图层】按钮 ⬡，开启 3D 图层，如图 4-8 所示。

08 将当前时间设置为 0:00:00:00，单击【爱在七夕片头动画】图层【缩放】前面的【时间变换秒表】⏱ 按钮，将【缩放】设置为 0，如图 4-9 所示。

图 4-8　合成设置　　　　　　图 4-9　添加【缩放】关键帧

09 在【时间轴】面板中将当前时间设置为 0:00:04:00，将【缩放】设置为 55，如图 4-10 所示。

10 在【时间轴】面板中将当前时间设置为 0:00:08:00，将【缩放】设置为 75，如图 4-11 所示。

图 4-10　添加缩放关键帧　　　　　图 4-11　添加关键帧

⓫ 在【效果和预设】面板中搜索【投影】特效，将其添加到【爱在七夕片头动画】图层上，打开【效果控件】面板，将【方向】设置为 0×+197°，将【距离】设置为 10，将【柔和度】设置为 55，如图 4-12 所示。

⓬ 爱在七夕片头动画制作完成，对场景文件进行保存。

图 4-12　设置效果

4.1　了解 3D

在介绍 After Effects CC 2018 的三维合成之前，首先来认识一下什么是 3D。3D 就是三维立体空间的简称，它在几何数学中用（X、Y、Z）坐标来表示。与 3D 相对的是 2D，也就是二维平面空间，它在几何数学中用（X、Y）坐标系来表示，实际上所有的 3D 物体都是由若干的 2D 物体组成的，二者之间有着密切联系。

在计算机图形世界中有 2D 图形和 3D 图形之分。所谓 2D 图形就是平面几何概念，即所有图像只存在于二维坐标中，并且只能沿着水平轴（X 轴）和垂直轴（Y 轴）运动，它只包含图形元素，像三角形、长方形、正方形、梯形、圆等，它们所使用的坐标系是 X、Y。所谓 3D 图形就是立体化几何概念，它在二维平面的基础上为图像添加了另外一个维数元素——距离或者说深度，与 2D 图形相对应的是锥体、立方体、球等，它们使用的坐标系是 X、Y、Z。

所谓深度也叫作 Z 坐标，它用于表示一个物体在深度轴（即 Z 轴）上的位置。如果把 X 坐标、Y 坐标看作是左右和上下方向，那么 Z 坐标所代表的就是前后方向。

4.2　三维空间合成的工作环境

在 After Effects CC 2018 中进行三维空间的合成，只需将对象的 3D 属性打开即可，如图 4-13 所示，系统在其 X、Y 轴坐标的基础上，自动为其赋予三维空间中的深度概念——Z 轴，在对象的各项变化中自动添加 Z 轴参数。

图 4-13　将 2D 图层转换为 3D 图层

4.3　坐标体系

在 After Effects CC 2018 中提供了 3 种坐标系工作方式，分别是本地轴模式、世界轴模式和视图轴模式。

- 【本地轴模式】：在该坐标模式下旋转层，层中的各个坐标轴和层一起被旋转，如图 4-14 所示。

图 4-14　【本地轴方式】效果

- 【世界轴模式】：在该坐标模式下，在【正面】视图中观看时，X、Y 轴总是呈直角；在【左侧】视图中观看时，Y、Z 轴总是呈直角；在【顶部】视图中观看时，X、Z 轴总是呈直角，如图 4-15 所示。

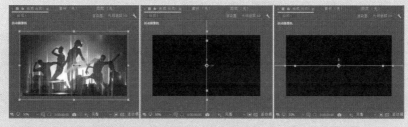

图 4-15　【世界轴模式】效果

- 【视图轴模式】：在该坐标模式下，坐标的方向保持不变，无论如何旋转层，X、Y 轴总是呈直角，Z 轴总是垂直于屏幕，如图 4-16 所示。

图 4-16　【视图轴模式】效果

4.4　3D 图层的基本操作

　　3D 图层的操作与 2D 图层相似，可以改变 3D 对象的位置、旋转角度，也可以通过调节其坐标参数进行设置。

■ 4.4.1　创建 3D 图层

　　选择一个 3D 图层，在【合成】面板中出现一个立体坐标，如图 4-17 所示。

　　红色箭头代表 X 轴（水平），绿色箭头代表 Y 轴（垂直），蓝色箭头代表 Z 轴（纵深）。

图 4-17　在【合成】面板中显示 3D 坐标

■ 4.4.2　移动 3D 图层

　　当一个 2D 图层转换为 3D 图层后，在其原有属性的基础上又会添加一组参数，用来调整 Z 轴，也就是 3D 图层深度的变化。

　　可通过在【时间轴】面板中改变图层的【位置】参数来移动图层。也可在【合成】面板中使用【选择工具】 ，直接调整图层的位置，选择一个坐标轴即可在该方向上进行移动，如图 4-18 所示。

　　在使用【选择工具】 改变 3D 图层的位置时，【信息】面板的下方会显示层的坐标信息，如图 4-19 所示。

图 4-18　移动 3D 图层

图 4-19　显示层的坐标信息

■ 4.4.3　缩放 3D 图层

　　可通过在【时间轴】面板中改变图层的【缩放】参数来缩放图层，也可以使用【选择工具】 在【合成】面板中调整层的控制点，来缩放图层，如图 4-20 所示。

图 4-20　调整层的控制点

4.4.4　旋转 3D 图层

可通过在【时间轴】面板中改变图层的【方向】参数或【X 轴旋转】【Y 轴旋转】【Z 轴旋转】参数来旋转图层。还可以使用【旋转工具】在【合成】面板中进行旋转。如果要单独以某一个坐标轴进行旋转，可将光标移至坐标轴上，当光标中包含有该坐标轴的名称时，再拖动鼠标即可进行单一方向上的旋转，如图 4-21 所示为以 X 轴旋转 3D 图层。

当选择一个层时，【合成】面板中该层的四周会出现八个控制点，如果使用【旋转工具】拖曳拐角的控制点，层会沿 Z 轴旋转；如果拖曳左右两个控制点，层会沿 Y 轴旋转；如果拖曳上下两个控制点，层会沿 X 轴旋转。

图 4-21　以 X 轴旋转 3D 图层

当改变 3D 层的【X 轴旋转】、【Y 轴旋转】、【Z 轴旋转】参数时，层会沿着每个单独的坐标轴旋转，所调整的旋转数值就是层在该坐标轴上的旋转角度。可以在每个坐标轴上添加层旋转并设置关键帧，以此来创建层的旋转动画。利用坐标轴的旋转属性来创建层的旋转动画要比应用【方向】属性来生成动画具有更多的关键帧控制选项。但这样也可能会导致结果比预想的要差，这种方法对于创建沿一个单独坐标轴旋转的动画是非常有用的。

4.4.5　【材质选项】属性

当 2D 图层转换为 3D 图层后，除了原有属性的变化外，系统又添加了一组新的属性——【材质选项】，如图 4-22 所示。

【材质选项】属性主要用于控制光线与阴影的关系。

- 【投射阴影】：设置当前层是否产生阴影，阴影的方向和角度取决于光源的方向和角度。【关】表示不产生阴影，【开】表示产生阴影，【仅】表示只显示阴影，不显示层。如图 4-23 所示。

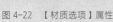

图 4-22　【材质选项】属性

图 4-23　【投射阴影】三种选项效果

提示一下

　　要使一个 3D 层投射阴影，一方面要在该层的【材质选项】属性中设置【接受阴影】选项；另一方面也要在发射光线的灯光层的【灯光选项】属性中设置【投射阴影】选项。

- 【接受阴影】：设置当前层是否接受其他层投射的阴影，当前选择层为背景图片，该属性设置为【打开】时，接受来自文字层的投影，设置为【关闭】时，则不接受来自文字层的投影如图4-24所示。

图4-24 设置【接受阴影】效果

- 【接受灯光】：设置当前层是否受场景中灯光的影响，当前层为文字层，将【接受灯光】设置为【打开】时的效果，将【接受灯光】设置为【关闭】时的效果如图4-25所示。

图4-25 设置【接受照明】效果

- 【环境】：设置当前层受环境光影响的程度。
- 【漫射】：设置当前层扩散的程度。当设置为100%时将反射大量的光线，当设置为0时不反射光线。将文字层中的【漫射】设置为0时的效果，将文字层中的【漫射】设置为100%时的效果，如图4-26所示。

图4-26 设置【漫射】效果

- 【镜面强度】：设置层上镜面反射高光的亮度，其参数范围为0%~100%。
- 【镜面反光度】：设置当前层上高光的大小。数值越大，发光越小；数值越小，发光越大。
- 【金属质感】：设置层上镜面高光的颜色。设置为100%时为层的颜色，设置为0%时为灯光颜色。将背景图片中的【金属质感】设置为0时的效果，将背景图片中的【金属质感】设置为100%时的效果，如图4-27所示。

图4-27 设置【金属质感】效果

■ 4.4.6 3D 视图

在 2D 模式下，层与层之间是没有空间感的，系统总是先显示处于前方的层，并且前面的层会遮住后面的层。在【时间轴】面板中，层在堆栈中的位置越靠上，在【合成】面板中它的位置就越靠前，如图 4-28 所示。

图 4-28 2D 模式下层的显示顺序

由于 After Effects CC 2018 中的 3D 层具有深度属性，因此在不改变【时间轴】面板中层堆栈顺序的情况下，处于后面的层也可以被放置到【合成】面板的前面来显示，前面的层也可以放到其他层的后面去显示。因此，3D 层在【时间轴】面板中的层序列并不代表它们在【合成】面板中的显示顺序，系统会以层在 3D 空间中的前后来显示各层的图像，如图 4-29 所示。

图 4-29 3D 模式下层的显示顺序

在 3D 模式下，可以在多种模式下观察【合成】面板中层的排列。大体可以分为两种：正交视图模式和自定义视图模式，如图 4-30 所示。正交视图模式包括【正面】【左侧】【顶部】【背面】【右侧】【底部】6 种，可以从不同角度来观察 3D 层在【合成】面板中的位置，但不会显示层的透视效果。自定义视图模式有三种，它可以显示层与层之间的空间透视效果。在这种视图模式下，好像置身于【合成】面板中的某一高度和角度，用户可以使用摄像机工具来调节所处的高度和角度，以改变观察方位。

切换视图模式可以执行如下操作：

单击【合成】面板底部的【3D 视图弹出式菜单】
活动摄像机 按钮，在弹出的下拉列表中选择一种视图模式。

在菜单栏中执行【视图】|【切换 3D 视图】命令，在弹出的子菜单中选择一种视图模式。

在【合成】面板或【时间轴】面板中单击鼠标右键，在弹出的快捷菜单中选择【切换 3D 视图】命令，在弹出的子菜单中选择一种视图模式。

图 4-30 3D 视图模式

如果希望在几种经常使用的 3D 视图模式之间快速切换，可以为其设置快捷键。设置快捷键的方法如下。

将视图切换到经常使用的视图模式下，例如切换到【自定义视图 1】模式下，在菜单栏中执行【视图】|【将快捷键分配给"自定义视图 1"】命令，在弹出的子菜单中有 3 个命令，可选择其中任意一个，例如选择【F11（替换"自定义视图 1"）】命令，如图 4-31 所示。这样将 F11 作为【自定义视图 2】视图的快捷键。在其他视图模式下，按 F11 键，即可快速切换到【自定义视图 2】视图模式。

图 4-31　选择 F11 键替换自定义视图 1

在菜单栏中执行【视图】|【切换到上一个 3D 视图】命令或按 Esc 键快速切换到上次的 3D 视图模式中。注意，该操作只能向上返回一次，如果反复执行此操作，【合成】面板会在最近的两次 3D 视图模式之间来回切换。

当在不同 3D 视图模式间进行切换时，个别层可能在当前视图中无法完全显示。这时，在菜单栏中执行【视图】|【查看所有图层】命令来显示所有层，如图 4-32 所示。

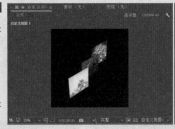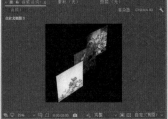

图 4-32　查看所有图层

在菜单栏中执行【视图】|【查看选定图层】命令，只显示当前所选择的图层，如图 4-33 所示。

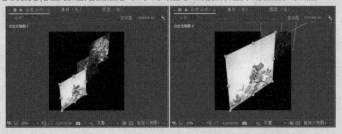

图 4-33　查看所选择图层

如果觉得在几种视图模式之间切换太麻烦，可以在【合成】面板中同时打开多个视图，从不同的角度观察图层。单击【合成】面板下方的【选择视图布局】1个... 按钮，在弹出的下拉菜单中选择视图的布局方案，如图 4-34 所示。选择【4 个视图 - 左侧】、【4 个视图 - 顶部】两种视图方案的效果如图 4-35 所示。

图 4-34　视图方案菜单　　　　图 4-35　两种视图方案效果

4.5 灯光的应用

在合成制作中，使用灯光可模拟现实世界中的真实效果，渲染影片气氛、突出重点。

4.5.1 创建灯光

在 After Effects CC 2018 中，灯光是一个层，可以用来照亮其他的图像层。

用户可以在一个场景中创建多个灯光，并且有四种不同的灯光类型可供选择。要创建一个照明用的灯光来模拟现实世界中的光照效果，可以执行下面的操作：

在菜单栏中执行【图层】|【新建】|【灯光】命令，如图 4-36 所示。弹出【灯光设置】对话框，进行设置，单击【确定】按钮，如图 4-37 所示。

图 4-36 选择【灯光】命令 　　　　　　图 4-37 【灯光设置】对话框

提示一下 ○

在【合成】面板或【时间轴】面板中单击鼠标右键，在弹出的快捷菜单中执行【新建】|【灯光】命令，也可弹出【灯光设置】对话框。

4.5.2 灯光类型

After Effects CC 2018 中提供了 4 种类型的灯光：【平行】【聚光】【点】和【环境】，选择不同的灯光类型会产生不同的灯光效果。在【灯光设置】对话框中的【灯光类型】下拉列表中可选择所需的灯光。

- 【平行】：这种类型的灯光可以模拟现实中的平行光效果，如探照灯。它从一个点光源发出一束平行光线。光照范围无限远，可以照亮场景中位于目标位置的每一个物体或画面，并不会因为距离的原因而衰减，如图 4-38 所示。
- 【聚光】：这种类型的灯光可以模拟现实中的聚光灯效果，如手电筒。它从一个点光源发出锥形的光线，其照射面积受锥角大小的影响，锥角越大照射面积越大，锥角越小照射面积越小。该类型的灯光还受距离的影响，距离越远，亮度越弱，照射面积越大，如图 4-39 所示。
- 【点】：这种类型的灯光可以模拟现实中的散光灯效果，如照明灯。光线从某个点向四周发射，如图 4-40 所示。

图 4-38 【平行】光效果

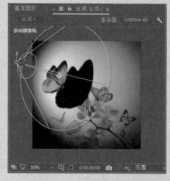

图 4-39 【聚光】灯效果

图 4-40 【点】效果

- 【环境】：该光线没有发光点，光线从远处射来照亮整个环境，且不会产生阴影，如图 4-41 所示。这种类型的灯光发出的光线颜色可以设置，且整个环境的颜色也会随着灯光颜色的不同发生改变，与置身于五颜六色的霓虹灯下的效果相似。

图 4-41 【环境】光效果

4.5.3 灯光的属性

在创建灯光时可以先设置好灯光的属性，也可以创建后在【时间轴】面板中进行修改，如图 4-42 所示。

图 4-42 灯光属性

- 【强度】：控制灯光亮度。当【强度】值为 0 时，场景变黑。当【强度】值为负值时，可以起到吸光的作用。当场景中有其他灯光时，负值的灯光可减弱场景中的光照强度，如图 4-43 所示，左图是两盏灯强度为 100 的效果，右图是一盏强度为 150，一盏强度为 50 的效果。
- 【颜色】：用于设置灯光的颜色。单击右侧的色块，在弹出的【颜色】对话框中设置一种颜色，也可以使用色块右侧的吸管工具在工作界面中拾取一种颜色，从而创建出有色光照射的效果。

- 【锥形角度】：用于设置灯光的照射范围，角度越大，光照范围越大；角度越小，光照范围越小。如图 4-44 所示，分别为 60.0°和 90.0°效果。

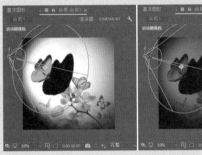

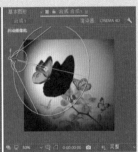

图 4-43　不同【强度】参数效果　　　　　　　　　图 4-44　不同【锥形角度】参数效果

- 【锥形羽化】：该参数用于设置聚光灯照明区域边缘的柔和度，默认设置为 50%。当设置为 0 时，照明区域边缘界线比较明显。参数越大，边缘越柔和，如图 4-45 所示为设置不同【锥形羽化】参数后的效果。
- 【投影】：选择【投影】，灯光会在场景中产生投影。
- 【阴影深度】：设置阴影的颜色深度，默认设置为 100%。参数越小，阴影的颜色越浅。如图 4-46 所示为参数分别为 100% 和 40% 的效果。

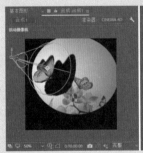
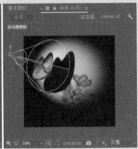
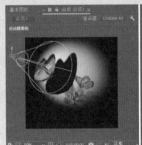

图 4-45　不同【锥化羽化】参数效果　　　　　　　图 4-46　不同【阴影深度】参数效果

- 【阴影扩散】：设置阴影的漫射扩散效果值越高，阴影边缘越柔和。如图 4-47 所示为参数分别为 0.0 和 40.0 的效果。

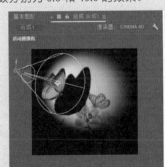
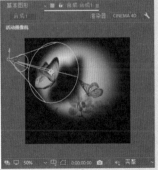

图 4-47　不同【阴影扩散】参数效果

4.6 摄像机的应用

在 After Effects CC 2018 中，可以借助摄像机从不同角度和距离观察 3D 图层。为摄像机添加关键帧，可以得到精彩的动画效果。

在 After Effects CC 2018 中，合成影像中的摄像机在【时间轴】面板中是以一个层的形式出现的，在默认状态下，新建的摄像机层总是排列在层堆栈的最上方。

每创建一个摄像机，在【合成】面板的右下角 3D 视图列表中就会添加一个摄像机名称，用户随时可以选择需要的摄像机视图方式观察合成影像。

在菜单栏中执行【图层】|【新建】|【摄像机】命令，弹出【摄像机设置】对话框进行设置，单击【确定】按钮，即可创建摄像机，如图 4-48 所示。

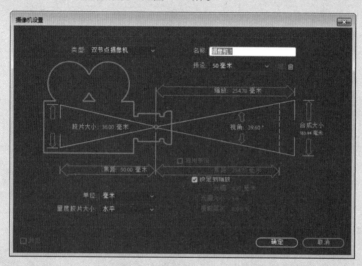

图 4-48 【摄像机设置】对话框

提示一下

在【合成】面板或【时间轴】面板中单击鼠标右键，在弹出的快捷菜单中执行【新建】|【摄像机】命令，也可弹出【摄像机设置】对话框。

4.6.1 参数设置

在新建摄像机时会弹出【摄像机设置】对话框，可以对摄像机的镜头、焦距等进行设置。

【摄像机设置】对话框中的各项参数含义如下。

● 【名称】：设置摄像机的名称。在 After Effects 系统默认的情况下，用户在合成影像中所创建的第一个摄像机名称为【摄像机 1】，以后所创建的摄像机依次为【摄像机 2】【摄像机 3】【摄像机 4】等。

- 【预设】：在 After Effects 中提供了几种常见的摄像机镜头类型，以它们的焦距大小来表示，包括 35 毫米的标准镜头、15 毫米的广角镜头以及 200 毫米的鱼眼镜头。
- 【缩放】：用于设置摄像机位置与视图之间的距离。
- 【胶片大小】：用于模拟真实摄像机中所使用的胶片尺寸，与合成画面的大小相对应。
- 【视角】：视图角度的大小由焦距、胶片尺寸和缩放决定，也可以自定义设置。
- 【合成大小】：显示合成的高度、宽度或对角线的参数，以【测量胶片大小】中的设置为准。
- 【启用景深】：用于建立真实的摄像机调焦效果。勾选该复选框可对景深进行进一步的设置，如【焦距】【光圈值】等。
- 【焦距】：摄像机焦点范围的大小。
- 【焦距】：设置摄像机的焦距大小。
- 【锁定到缩放】：当勾选该复选框时，系统将焦点锁定到镜头上。这样，在改变镜头视角时始终与其一起变化，使画面保持相同的聚焦效果。
- 【光圈】：调节镜头快门的大小。镜头快门开得越大，受聚焦影响的像素就越多，模糊范围就越大。
- 【光圈大小】：改变透镜的大小。
- 【模糊层次】：设置景深模糊大小。
- 【单位】：可以选择使用【像素】【英寸】或【毫米】作为单位。
- 【量度胶片大小】：可将测量标准设置为水平、垂直或对角。

4.6.2　使用工具控制摄像机

在 After Effects CC 2018 中创建了摄像机后，单击【合成】面板右下角的【3D 视图弹出式菜单】 活动摄像机 按钮，在弹出的下拉菜单中会出现相应的摄像机名称，如图 4-49 所示。

当以摄像机视图的方式观察当前合成影像图像时，用户就不能在【合成】面板中对当前摄像机直接进行调整了，这时要调整摄像机视图最好的办法就是使用摄像机工具来调整摄像机视图。

摄像机工具主要用来旋转、移动和推拉摄像机视图，需要注意的是利用该工具对摄像机视图的调整不会影响摄像机的镜头设置，也无法设置动画，只不过是通过调整摄像机位置和角度来改变当前视图而已。

- 【轨道摄像机工具】 ：该工具用于旋转摄像机视图。使用该工具可向任意方向旋转摄像机视图。
- 【跟踪 XY 摄像机工具】 ：该工具用于水平或垂直移动摄像机视图。
- 【跟踪 Z 摄像机工具】 ：该工具用于缩放摄像机视图。

图 4-49　【3D 视图弹出式菜单】

自己练

项目练习 1：制作旋转立体盒子

效果展示：见图 4-50

图 4-50　制作旋转立体盒子

操作要领：

(1) 创建一个纯色图层作为背景。

(2) 创建 **4** 个带字的面，然后创建面 **5,** 将其通过 **3D** 图层组成一个立体盒子。

(3) 为盒子创建【缩放】与【Y 轴旋转动画】效果，创建一个摄像机，为其添加【目标点】与【位置】运动效果。

项目练习 2：制作旋转文字效果

效果展示：见图 4-51

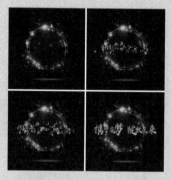

图 4-51　制作旋转文字效果

操作要领：

(1) 在【项目】面板中导入【文字】和【文字背景】素材。

(2) 为【文字】素材添加【3D 图层】。

(3) 为【文字】素材设置关键帧以及缩放角度。

(4) 为【文字】素材添加【效果和预设】|【动画预设】| Transitions Movement |【卡片擦除 -3D 像素风暴】命令。

CHAPTER 05

文字效果——金属文字动画效果

本章概述 SUMMARY

　　文字在视频制作过程中有着重要的作用，文字不仅担负着标题、说明性文字的作用，而且通过添加绚丽的文字动画还能丰富视频画面，吸引人们的眼球。本章主要讲解文字的创建及使用。另外，在后期制作过程中经常会出现大量的重复性操作，此时便可以通过使用表达式使复杂的操作简单化。

■ 基础知识
文字的创建与设置　　　　　　　　　　　　路径文字与轮廓线
■ 重点知识
文字特效　　　　　　　　　　　　　　　　文本动画
■ 重点知识
制作卡通文字动画　　　　　　　　　　　　制作光晕文字动画

案例预览

金属文字动画效果

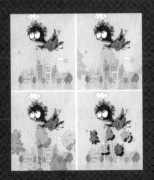

制作卡通文字动画

制作光晕文字动画

【入门必练】金属文字动画效果

本案例介绍金属文字的制作过程。讲解了文字图层样式的设置、添加关键帧以及添加素材来点缀文字，效果如图 5-1 所示。

图 5-1　效果展示

具体操作步骤如下。

01 按 Ctrl+N 组合键，在弹出的【合成设置】对话框中将【合成名称】设置为【文字】，将【宽度】【高度】分别设置为 1024、500，将【像素长宽比】设置为方形像素，将【持续时间】设置为 0:00:05:00，单击【确定】按钮，如图 5-2 所示。

02 在工具栏中单击【横排文字工具】，在【合成】面板中单击鼠标，输入文字，选中输入的文字，在【字符】面板中将字体设置为 Adobe 黑体 Std，将字体大小设置为 172，将字符间距设置为 0，单击【仿粗体】按钮，将字体颜色设置为 # C7C7C7，在【段落】面板中单击【居中对齐文本】按钮，如图 5-3 所示。

图 5-2　设置合成参数

图 5-3　输入文字并进行设置

提示一下

如果要全选输入的文字，可在【时间轴】面板中双击该文字的文字层，即可将该文字层的文字全部选中。

03 选中该文字图层，在菜单栏中执行【图层】|【图层样式】|【投影】命令，如图 5-4 所示。

04 在【时间轴】面板中将【投影】下的【混合模式】设置为正常，将【角度】【距离】【扩展】【大小】分别设置为 90、2、8、13，如图 5-5 所示。

图 5-4 选择【投影】命令　　　　　　　　图 5-5 设置投影参数

05 在【时间轴】面板中将【内阴影】下的【混合模式】设置为【正常】，将【不透明度】【角度】【距离】【大小】分别设置为 34、−90、43、10，如图 5-6 所示。

06 在【时间轴】面板中将【斜面和浮雕】下的【深度】【大小】【柔化】【角度】【高度】分别设置为 451、4、4、180、70，将【高亮模式】设置为【正常】，将【加亮颜色】设置为 # 9C9C9C，将【高光不透明度】设置为 12，将【阴影模式】设置为【亮光】，将【阴影颜色】设置为 # FFFFFF，将【阴影不透明度】设置为 35，如图 5-7 所示。

图 5-6 设置【内阴影】参数　　　　　　图 5-7 设置【斜面和浮雕】参数

07 在【时间轴】面板中单击【渐变叠加】下的【编辑渐变】，在弹出的【渐变编辑器】对话框中将左侧色标的颜色值设置为 # 389D09，在位置 51 处添加一个色标，将颜色值设置为 # 98FF3E，将右侧色标的颜色值设置为 # 389D09，单击【确定】按钮，如图 5-8 所示。

08 在【时间轴】面板中将【描边】下的【混合模式】设置为【线性加深】，将颜色设置为白色，将【大小】【不透明度】分别设置为1、50，将【位置】设置为【居中】，如图5-9所示。

图 5-8　设置渐变颜色

图 5-9　设置【描边】参数

09 继续选中该文字图层，按Ctrl+D组合键，对其进行复制，调整位置，并选择【图层样式】下的【内阴影】与【斜面和浮雕】两个选项，如图5-10所示。

10 按Delete键将选中的两个选项删除，继续选中该图层，将【投影】下的【不透明度】【距离】【扩展】【大小】分别设置为49、5、0、18，并调整位置，如图5-11所示。

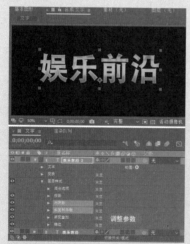

图 5-10　复制图层并进行调整

图 5-11　修改投影参数

11 在【时间轴】面板中将【外发光】下的【混合模式】设置为【线性减淡】，将【不透明度】设置为50，将【颜色类型】设置为【渐变】，将【大小】设置为15，如图5-12所示。

12 在【时间轴】面板中单击【外发光】下的【编辑渐变】，在弹出的【渐变编辑器】对话框中将左侧色标的颜色值设置为#42A01D，将右侧色标的颜色值设置为#42A01D，选择右侧上方的不透明度色标，将【不透明度】设置为0，如图5-13所示。

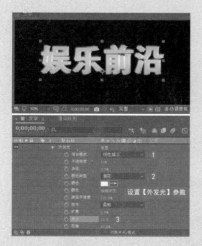

图 5-12　设置外发光参数

图 5-13　设置渐变颜色

⑬ 选择【娱乐前沿 2】下的【渐变叠加】图层样式，单击【编辑渐变】，在弹出的【渐变编辑器】对话框中将左侧色标的颜色值设置为#B6AFAE，将位置 51 处的色标删除，将右侧色标的颜色值设置为 #FFFFFF，如图 5-14 所示。

⑭ 选中【娱乐前沿 2】下的【描边】图层样式，将【描边】下的【混合模式】设置为【正常】，将【大小】【不透明度】分别设置为 2、90，将【位置】设置为【内部】，如图 5-15 所示。

图 5-14　设置渐变颜色

图 5-15　设置描边参数

⑮ 按 Ctrl+N 组合键，在弹出的【合成设置】对话框中将【合成名称】设置为【金属文字】，其他参数保持默认不变，单击【确定】按钮，如图 5-16 所示。

⑯ 在【时间轴】面板中右击鼠标，在弹出的快捷菜单中执行【新建】|【纯色】命令，如图 5-17 所示。

⑰ 在弹出的【纯色设置】对话框中将【名称】设置为【背景】，单击【确定】按钮，如图 5-18 所示。

⑱ 在【时间轴】面板中将【渐变叠加】下的【角度】设置为 0，将【样式】设置为【反射】，如图 5-19 所示。

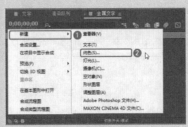

图 5-16　设置合成名称　　　　　　　图 5-17　选择【纯色】命令

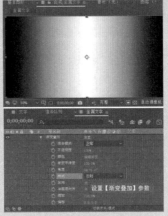

图 5-18　设置名称　　　　　　　图 5-19　设置渐变参数

19 单击【编辑渐变】，在弹出的【渐变编辑器】对话框中将左侧色标的颜色值设置为 # E0E1E3，在位置 30 处添加一个色标，并将其颜色值设置为 #E0E1E3，将右侧色标的颜色值设置为 #9B9FA5，单击【确定】按钮，如图 5-20 所示。

20 在【项目】面板中选择【文字】合成，按住鼠标将其拖曳至【金属文字】时间轴上，如图 5-21 所示。

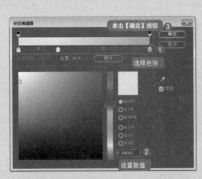

图 5-20　设置渐变颜色　　　　　　图 5-21　嵌套合成

21 选中【文字】图层，在【时间轴】面板中将当前时间设置为 0:00:02:00，将【变换】下的【不透明度】设置为 0，单击左侧的 ⏱ 按钮，如图 5-22 所示。

22 将当前时间设置为 0:00:02:14，将【变换】下的【不透明度】设置为 100，如图 5-23 所示。

图 5-22　设置不透明度　　　　　　　　图 5-23　设置不透明度

23 在【项目】面板中选择【文字】图层，按 Ctrl+D 组合键，将其命名为【文字阴影】，将当前时间设置为 0:00:02:14，将【变换】下的【锚点】设置为 960、540，取消【缩放】的锁定，将【缩放】设置为 100、-100，将【不透明度】设置为 36，如图 5-24 所示。

24 选中该图层，在菜单栏中执行【效果】|【过渡】|【线性擦除】命令，在【时间轴】面板中将【线性擦除】下的【过渡完成】【擦除角度】【羽化】分别设置为 42、180、186，如图 5-25 所示。

图 5-24　设置变换参数　　　　　　　　图 5-25　设置线性擦除参数

25 在菜单栏中执行【效果】|【过时】|【快速模糊】命令，在【时间轴】面板中将【快速模糊】下的【模糊度】设置为 66，如图 5-26 所示。

26 在菜单栏中执行【效果】|【生成】|【填充】命令，在【时间轴】面板中将【颜色】的颜色值设置为 #131313，将该图层的父级对象设置为【1.文字】，如图 5-27 所示。

图 5-26　设置【模糊度】参数　　　　　　　　图 5-27　设置填充颜色

27 按 Ctrl+I 组合键，在弹出的【导入文件】对话框中选择"光 .avi"素材文件，单击【导入】按钮，如图 5-28 所示。

28 在【项目】面板中选中该素材文件，按住鼠标将其拖曳至【合成】面板中，在【时间轴】面板中将图层的混合模式设置为【相加】，将【变换】下的【缩放】设置为50，如图 5-29 所示。

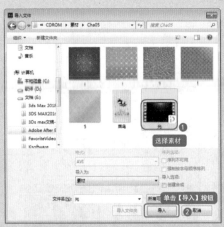

图 5-28　导入素材　　　　　　　　　　　　　图 5-29　设置变换参数

29 按空格键在【合成】面板中查看效果，然后对完成后的场景进行保存和输出即可，效果如图 5-30 所示。

图 5-30　金属文字动画效果

5.1　文字的创建与设置

使用【横排文字工具】 **T** 和【竖排文字工具】 **T** 可以直接在【合成】面板中输入文字，并通过【文字】【段落】面板对文字大小、字体、颜色等属性进行设置。

■ 5.1.1　创建文字

在 After Effects CC 2018 中，可通过文本工具创建点文本和段落文本。点文本，就是每一行文字都是独立的，在对文本进行编辑时，文本行的长度会随时变长或缩短，但不会与下一行文本重叠。段落文本与点文本的不同是段落文本可以自动换行。本节将以点文本为例介绍如何创建文本，具体操作步骤如下。

01 选择文字工具，在【合成】面板中单击鼠标，变为光标图案，在【时间轴】面板中将新建一个文本图层，如图 5-31 所示。

02 输入文字，在【时间轴】面板中单击文字层，文字层的名称将由输入的文字代替，如图 5-32 所示。

使用层创建文本时，在【时间轴】面板空白区域单击鼠标右键，在弹出的快捷菜单中执行【新建】|【文本】命令，如图 5-33 所示。此时在【合成】面板中出现输入光标，输入需要的文字，该图层名将由输入文字替代。

图 5-31　新建文字图层

图 5-32　输入文字后的效果

图 5-33　选择【文本】命令

■ 5.1.2　修改文字

当文字创建后，还可以对其进行编辑修改。在【合成】面板中使用文字工具，将鼠标指针移至要修改的文字上，按住鼠标左键拖动，选择要修改的文字，然后进行编辑。被选中的文字会显示浅红色矩阵，如图 5-34 所示。

在菜单栏中执行【窗口】|【字符】命令，或按 Ctrl+6 组合键，打开【字符】面板，设置文字的字体、颜色、边宽等，如图 5-35、图 5-36 所示。

图 5-34　选择文本

图 5-35　选择【字符】命令

图 5-36　【字符】面板

【字符】面板中的各个选项作用如下。

- 【字体】：用于设置文字的字体，单击【字体】右侧的下三角按钮，在打开的下拉
列表中提供了系统中已经安装的所有字体，如图 5-37 所示。

- 【填充颜色】：单击该色块，弹出【文本颜色】对话框，设置字体颜色，如图 5-38、
图 5-39 所示。

图 5-37　字体下拉列表

图 5-38　【文本颜色】对话框

图 5-39　设置文本颜色

选择【吸管】 🖉 工具，在任意位置单击吸取颜色，如图 5-40 所示；单击黑白色块可以
将文字直接设置为黑色或白色；单击【没有填充颜色】 🗆 按钮，文字区域将没有任何颜色
显示。

- 【描边颜色】：单击该色块后会弹出【文本颜色】对话框，选择某种颜色后即可为
文字添加或更改描边颜色，如图 5-41 所示。

图 5-40　使用吸管工具吸取颜色

图 5-41　调整描边填充颜色后的效果

- 【设置字体大小】：可以直接输入数值，也可以单击其右侧下拉图标，选择预设大小，
如图 5-42 所示为字体大小不同时的效果。

- 【设置行距】：用于设置行与行之间的距离，数值越小，行与行之间的文字越有可
能重合。

- 【设置两个字符间的字偶间距】：用于设置文字之间的距离。

- 【设置所选字符的字符间距】：该选项也是用于设置文字之间的距离，区别在于【设置两个字符间的字偶间距】需要将光标放置在要调整的两个文字之间，而【设置所选字符的字符间距】是调整选中文字层中所有文字之间的距离。如图 5-43 所示为当字符间距不同时的效果。

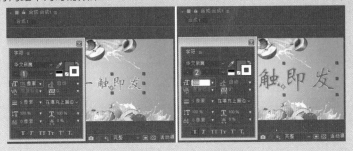

图 5-42　设置字体大小后的效果

图 5-43　设置字符间距效果

- 【设置描边宽度】：用于设置文字描边的宽度。在其右侧的下拉列表中可以选择不同的选项来设置描边与填充色之间的关系，其中包括【在描边上填充】【在填充上描边】【全部填充在全部描边之上】【全部描边在全部填充之上】。如图 5-44 所示为边宽参数不同时的效果。
- 【垂直缩放】与【水平缩放】：分别用于设置文字的高度和宽度。
- 【设置基线偏移】：用于修改文字基线，改变其位置。
- 【设置所选字符的比例间距】：该选项用于对文字进行挤压。
- 【仿粗体】：单击该按钮后，即可对选中的文本进行加粗。
- 【仿斜体】：单击该按钮后，选中的文本将会倾斜，如图 5-45 所示。

图 5-44　设置边宽后的效果

图 5-45　仿斜体

- 【全部大写字母】：该按钮可以将选中的英文字母以大写的形式显示，如图 5-46 所示。
- 【小型大写字母】：单击该按钮后，可以将选中的英文字母以小型的大写字母形式显示，如图 5-47 所示。
- 【上标】【下标】：单击该按钮后，即可将选中的文本进行上标或下标。

图 5-46 全部大写字母

图 5-47 小型大写字母

提示一下

选择文本工具，在【合成】面板中通过按住鼠标左键进行拖动，即可创建一个输入框，用于创建段落文本，通过【段落】面板可以对段落文本进行设置。

5.1.3 修饰文字

文字创建完成后，为使文字适应不同的效果环境，可为其添加特效已达到修饰文字的效果，例如为文字添加阴影、发光等效果。

1. 阴影效果

应用径向阴影效果可以增强文字的立体感，在 After Effects CC 2018 中提供了两种阴影效果：【投影】和【径向阴影】。在【径向阴影】特效中提供了较多的阴影控制，下面对其进行简单的介绍。

选择创建的文字层，在【效果和预设】面板中选择【透视】|【径向阴影】特效，在【效果控件】面板中对【径向阴影】进行设置，如图 5-48 所示，其各项参数如下。

- 【阴影颜色】：设置阴影的颜色，默认颜色为黑色。
- 【不透明度】：设置阴影的透明度。
- 【光源】：设置灯光的位置。当改变灯光的位置时，阴影的方向也会随之改变。如图 5-49 所示。

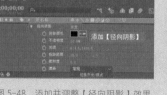
图 5-48 添加并调整【径向阴影】效果

图 5-49 调整【光源】后的效果

- 【投影距离】：用于设置阴影与对象之间的距离，如图 5-50 所示。
- 【柔和度】：调整阴影效果的边缘柔和度，如图 5-51 所示。

图 5-50　设置投影距离　　　　　　　　　　　图 5-51　设置柔和度参数

- 【渲染】：用于选择阴影的渲染方式，一般选择【规则】方式。如果选择【玻璃边缘】方式，可以产生类似于投射到透明体上的透明边缘效果。选择该效果后，阴影边缘的效果将受到环境的影响，如图 5-52 所示为选择【常规】和【玻璃边缘】选项后的效果。
- 【颜色影响】：设置玻璃边缘效果的影响程度。
- 【仅阴影】：勾选该复选框后将只显示阴影效果，如图 5-53 所示。
- 【调整图层大小】：勾选该复选框，则文字的阴影如果超出了层的范围，将全部被剪掉；不选择该项，则选中文字的阴影可以超出层的范围。

图 5-52　设置渲染方式　　　　　　　　　　　图 5-53　仅显示阴影

2．画笔描边效果

画笔描边效果可以使文本产生一种类似画笔绘制的效果，选择创建的文字层，在【效果和预设】面板中选择【风格化】|【画笔描边】特效，为其添加【画笔描边】特效，如图 5-54 所示，各项参数介绍如下。

- 【描边角度】：该选项用于设置画笔描边的角度。
- 【画笔大小】：可通过该选项设置画笔笔触的大小，当设置为不同的参数时，效果也不相同，如图 5-55 所示。
- 【描边长度】：该选项用于设置画笔的描绘长度。
- 【描边浓度】：该选项用于设置画笔笔触的疏密程度。
- 【描边随机性】：该选项用于设置画笔的随机变化量。

- 【绘画表面】：可在右侧的下拉列表中选择用来设置描绘表面的位置。
- 【与原始图像混合】：该选项用于设置描绘图像与原始图像之间的混合比例，参数越大，越接近原图。

图 5-54　添加【画笔描边】后的效果　　　　　　　　图 5-55　设置【画笔大小】参数后的效果

3. 发光效果

在对文字进行设置时，有时需要使其产生发光或光晕的效果，此时可以为文字添加【发光】特效。

选择创建的文字层，在【效果和预设】面板中选择【风格化】|【发光】特效，为其添加【发光】特效，如图 5-56 所示，各项参数介绍如下。

- 【发光基于】：用于选择发光作用通道，可以选择【Alpha 通道】和【色彩通道】，如图 5-57 所示。

图 5-56　添加并调整【发光】效果　　　　　　　图 5-57　【发光基于】下拉列表

- 【发光阈值】：设置发光的阈值，可影响发光的覆盖面。
- 【发光半径】：设置发光半径，如图 5-58 所示。
- 【发光强度】：设置发光的强弱程度。
- 【合成原始项目】：设置效果与原始图像之间的融合方式，包括【顶端】【后面】【无】3 种方式。
- 【发光操作】：设置效果与原始图像之间的混合模式，提供了 25 种混合方式。
- 【发光颜色】：设置发光颜色的来源模式，包括【原始颜色】【A 和 B 颜色】【任意映射】3 种模式，设置为【原始颜色】和【A 和 B 颜色】时的效果如图 5-59 所示。

图 5-58　设置【发光】半径　　　　　　　　　　　　图 5-59　设置【发光】颜色

- 【颜色循环】：设置颜色循环的顺序，该选项提供了【锯齿波 A>B】【锯齿波 B>A】【三角形 A>B>A】【三角形 B>A>B】4 种方式。
- 【色彩相位】：设置颜色的相位变化。
- 【A 和 B 中间点】：调整颜色 A 和 B 之间色彩的过渡效果的百分比。
- 【颜色 A】：用于设置 A 的颜色。
- 【颜色 B】：用于设置 B 的颜色。
- 【发光维度】：设置发光作用的方向，其中包括【水平和垂直】【水平】【垂直】3 种。

4. 毛边效果

毛边效果可以将文本粗糙化，选择创建的文字层，在【效果和预设】面板中选择【风格化】|【毛边】特效，为文字添加【毛边】特效，如图 5-60 所示。

图 5-60　添加并调整【毛边】效果

各项参数介绍如下。

- 【边缘类型】：该选项用于设置粗糙边缘的类型，将【边缘类型】设置为【剪切】和【影印】时的效果如图 5-61 所示。

图 5-61　设置【边缘类型】后的效果

- 【边缘颜色】：该选项用于设置边缘粗糙时所使用的颜色。
- 【边界】：该选项用于设置边缘的粗糙度。
- 【边缘锐度】：该选项用于设置边缘的锐化程度。
- 【分形影响】：该选项用于设置边缘的不规则程度。
- 【比例】：该选项用于设置碎片的大小。
- 【伸缩宽度或高度】：该选项用于设置边缘碎片的拉伸程度。
- 【偏移（湍流）】：该选项用于设置边缘在拉伸时的位置。
- 【复杂度】：该选项用于设置边缘的复杂程度。
- 【演化】：该选项用于设置边缘的角度。
- 【演化选项】：该选项用于控制演化的循环。
  - ╲　【循环演化】：勾选该复选框后，将启用循环演化功能。
  - ╲　【循环】：该选项用于设置循环的次数。
  - ╲　【随机植入】：该选项用于设置循环演化的随机性。

5.2　路径文字与轮廓线

在 After Effects CC 2018 中还提供了制作沿着某条指定路径运动的文字以及将文字转换为轮廓线的功能。通过它们可以制作更多的文字效果。

■ 5.2.1　路径文字

在 After Effects CC 2018 中可以设置文字沿一条指定的路径进行运动，该路径作为文本层上的一个开放或封闭的遮罩存在。具体操作步骤如下。

01 在工具栏中单击【横排文字工具】█，在【合成】面板中单击鼠标，输入文字，如图 5-62 所示。

02 使用【钢笔工具】█绘制一条路径，如图 5-63 所示。

图 5-62　输入文本　　　　　　　　　　　　　　图 5-63　绘制路径

03 在【时间轴】面板中展开文字层的【文字】属性，在【路径选项】下将【路径】指定为【蒙版 1】，如图 5-64 所示。

【路径选项】下各项参数介绍如下。

- 【路径】：用于指定文字层的遮罩路径。
- 【反转路径】：打开该选项可反转路径，默认为关闭。如图 5-65 所示。

图 5-64　路径文字　　　　　　　　　　　　　　图 5-65　反转路径后的效果

- 【垂直于路径】：打开该选项可使文字垂直于路径，默认为打开。关闭【垂直于路径】后的效果如图 5-66 所示。
- 【强制对齐】：打开该选项，将文字强制拉伸至路径的两端。
- 【首字边距】【末字边距】：调整文本中首、尾字母的缩进。参数为正值表示文本从初始位置向右移动，参数为负值表示文本从初始位置向左移动。如图 5-67 所示为【首字边距】效果。

图 5-66 关闭【垂直于路径】后的效果　　　图 5-67 设置【首字边距】效果

■ 5.2.2 轮廓线

在 After Effects CC 2018 中，可沿
文本的轮廓创建遮罩，不必自己烦琐
地为文字绘制遮罩。

在【时间轴】面板中选择要设置
轮廓遮罩的文字层，在菜单栏中执行
【图层】|【从文字创建形状】命令，
系统自动生成一个新的固态层，并在
该层产生由文本轮廓转换的遮罩，如
图 5-68 所示。

图 5-68 创建文字轮廓线

5.3 文字特效

除了可以使用【横排文字工具】 ![T]、【竖排文字工具】 ![T]创建文字外，还可以通过文字
特效来创建。

■ 5.3.1 【基本文字】特效

【基本文字】特效是一个相对简单的文本特效，其功能与使用文字工具创建基础文本相似。

具体操作步骤如下。

01 接着上一实例操作，在菜单栏中执行【效果】|【过时】|【基本文字】命令，如图 5-69 所示。

02 在弹出的【基本文字】对话框中输入文字并设置字体，单击【确定】按钮，如图 5-70 所示。各项参数功能介绍如下。

图 5-69　选择【基本文字】命令　　　　图 5-70　【基本文字】对话框

- 【字体】：设置文字字体。
- 【样式】：设置文字风格。
- 【方向】：设置文字排列方向，包括【水平】【垂直】2 种。
- 【对齐】：设置文字的对齐方式。包括【左对齐】【居中】和【右对齐】3 种。

03 在【效果控件】面板中对创建的文字进行设置，如图 5-71 所示。

图 5-71　调整【基本文字】效果

各项参数功能介绍如下。

- 【编辑文本】：打开【基本文字】对话框编辑文字。
- 【位置】：设置文字的位置。
- 【显示选项】：选择文字外观。包括【仅填充】【仅描边】【填充在边框上】和【边框在填充上】4 种，如图 5-72 所示。
- 【填充颜色】：设置文字的填充颜色。
- 【描边颜色】：设置文字描边的颜色。
- 【描边宽度】：设置文字描边的宽度。
- 【大小】：设置文字的大小。

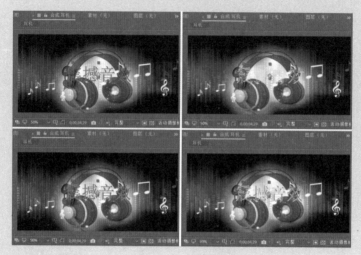

图 5-72 【显示选项】效果

- 【字符间距】：设置文字之间的距离。
- 【行距】：设置行与行之间的距离。
- 【在原始图像上合成】：勾选该复选框，将文字合成到原始图像上，否则背景为黑色。

▊ 5.3.2 【路径文本】特效

【路径文本】特效是一个功能强大的文本特效，它的主要功能是通过设置路径带动文字进行动画的效果。

【路径文本】的创建方法与【基本文字】类似，其各项参数如图 5-73 所示。各项参数功能介绍如下。

- 【编辑文本】：打开【路径文本】对话框编辑文字。
  - 【字体】：设置文字的字体。
  - 【样式】：设置文字的风格。

图 5-73 【路径文本】特效参数

- 【信息】：显示当前文字的字体、文本长度和路径长度等信息。
- 【路径选项】：路径的设置选项。
  - 【形状类型】：设置路径类型，包括【贝塞尔曲线】【圆形】【循环】和【线】4 种类型，其中【圆】和【循环】类型相似，如图 5-74 所示。

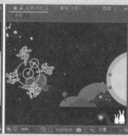

图 5-74 【形状类型】效果

　　　　　　　ヽ　【控制点】：设置路径的各点位置、曲线弯度等。

　　　　　　　ヽ　【自定义路径】：选择要使用的自定义路径层。

　　　　　　　ヽ　【反转路径】：勾选该复选框将反转路径。

　　　　　● 【填充和描边】：该参数项下的各参数用于设置文字的填充和描边。

　　　　　　　ヽ　【选项】：设置填充和描边的类型，包括【仅填充】【仅描边】【在描边上填充】

　　　　　　　　和【在填充上描边】4 种类型。

　　　　　　　ヽ　【填充颜色】：设置文字的填充颜色。

　　　　　　　ヽ　【描边颜色】：设置文字描边的颜色。

　　　　　　　ヽ　【描边宽度】：设置文字描边的宽度。

　　　　　● 【字符】：该参数项下各参数用于设置文字的属性。

　　　　　　　ヽ　【大小】：设置文字的大小。

　　　　　　　ヽ　【字符间距】：设置文字之间的距离。

　　　　　　　ヽ　【字偶间距】：设置文字的字距。

　　　　　　　ヽ　【方向】：设置文字在路径上的方向，如图 5-75 所示。

　　　　　　　ヽ　【水平切变】：设置文字在水平位置上的倾斜程度。参数为正值时文字向右倾斜，

　　　　　　　　参数为负值时文字向左倾斜，如图 5-76 所示。

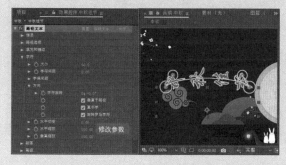

图 5-75　设置方向后的效果

图 5-76　设置水平切变

　　　　　　　ヽ　【水平缩放】：设置文字在水平位置上的缩放。设置缩放时，文字的高度不受影响。

　　　　　　　ヽ　【垂直缩放】：设置文字在垂直方向上的缩放。设置缩放时，文字的宽度不受影响。

　　　　　● 【段落】：对文字段落进行设置。

　　　　　　　ヽ　【对齐方式】：设置文字的排列方式。

　　　　　　　ヽ　【左边距】：设置文字的左边距大小。

　　　　　　　ヽ　【右边距】：设置文字的右边距大小，如图 5-77 所示。

　　　　　　　ヽ　【行距】：设置文字的行距。

　　　　　　　ヽ　【基线偏移】：设置文字的基线位移，如图 5-78 所示。

图 5-77　设置右边距后的效果

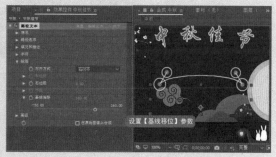

图 5-78　设置基线位移效果

- 【高级】：该参数项的各参数对文字进行高级设置。

  、 【可视字符】：设置文字的显示数量。参数设置为多少，文字最多就可显示多少。
    当参数为 0 时，则不显示文字。

  、 【淡化时间】：设置文字淡入淡出的
    时间。

  、 【模式】：设置文字与当前层图像的混
    合模式。

  、 【抖动设置】：对文字进行抖动设置，
    如图 5-79 所示。

  、 【在原始图像上合成】：勾选该复选框，
    文字将合成到原始素材的图像上，否则
    背景为黑色。

图 5-79　设置【抖动设置】参数

■ 5.3.3 【编号】特效

【编号】特效的主要功能是对随机产生的数字
进行排列编辑，并通过编辑时间码和当前日期等方
式来输入数字。【编号】特效位于【效果和预设】
面板中的【文字】特效组下，其创建方法与【基本
文字】特效相似，添加【编号】特效后，可在【效
果控件】面板中对其进行设置，如图 5-80 所示。各
项参数功能介绍如下。

图 5-80　添加【编号】特效后的效果

- 【格式】：在该参数项下对文字的格式进
  行设置。

  、 【类型】：设置数字文本的类型。包括【数目】【时间码】【数字日期】等 10 种类型。
    如图 5-81 所示为【时间码】【时间】和【十六进制】的类型效果。

  、 【随机值】：勾选该复选框，数字将随机变化，随机产生数字限制在【值 / 偏移 /
    最大随机值 /】选项的数值范围内，若该选项值为 0，则不受限制。

图 5-81　不同类型的效果

  、 【数值 / 位移 / 随机】：设置数字随机离散范围。

  、 【小数位数】：设置添加编号中小数点的位数。

  、 【当前时间 / 日期】：勾选该复选框，系统将显示当前的时间和日期。

- 【填充和描边】：该参数项下的参数用于设置数字的颜色和描边。

  、 【位置】：设置添加编号的位置坐标。

、 【显示选项】：设置数值外观，包含有 4 种方式。

、 【填充颜色】【描边颜色】【描边宽度】：设置数字的颜色、描边颜色以及描边宽度。

- 【大小】：设置数字文本的大小。
- 【字符间距】：设置数字文本间的间距。
- 【比例间距】：勾选该复选框可使数字均匀间距显示。
- 【在原始图像上合成】：勾选该复选框，数字层将与原图像层合成，否则背景为黑色。

■ 5.3.4 【时间码】特效

【时间码】特效主要用于为影片添加时间和帧数，以作为影片的时间依据，方便后期制作。如图 5-82 所示。各项参数功能介绍如下。

- 【显示格式】：设置时间码的显示格式。包含【SMPTE 时：分：秒：帧】【帧序号】【英尺＋帧（35mm）】和【英尺＋帧（16mm）】4 种方式。
- 【时间源】：设置帧速率。该设置应与和合成设置相对应。
- 【文本位置】：设置时间码的位置，如图 5-83 所示。

图 5-82 添加【时间码】后的效果　　　　　　　图 5-83 调整【文本位置】

- 【文字大小】：设置时间码的显示大小。
- 【文本颜色】：设置时间码的颜色。
- 【显示方框】：勾选该复选框后，将会在时间码的底部显示方框，如图 5-84 所示为取消勾选该复选框后的效果。
- 【方框颜色】：该选项用于设置方框的颜色，只有在【显示方框】复选框勾选时该选项才可用，设置方框颜色后的效果如图 5-85 所示。

图 5-84 取消勾选【显示方框】复选框　　　　　图 5-85 设置方框颜色

- 【不透明度】：该选项用于设置时间码的透明度。
- 【在原始图像上合成】：勾选该复选框，时间码将与原图像层合成，否则背景为黑色。

5.4 文本动画

在 After Effects CC 2018 中也可以对创建的文本进行变换动画制作。在文字图层中的【变换】属性组下对【定位点】【位置】【缩放】【旋转】和【不透明度】属性等进行设置。

■ 5.4.1 动画控制器

在文字图层中【文字】属性组中有个【动画】选项，单击其右侧的小三角图标，在弹出的下拉列表中包含多种设置文本动画的命令，如图 5-86 所示。

1. 变换类控制器

该类控制器可以控制文本动画的变形，如位置、缩放、倾斜、旋转等。与层的【变换】属性类似，如图 5-87 所示。

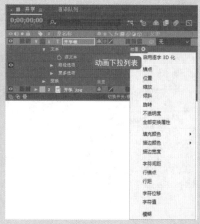

图 5-86　动画下拉列表

图 5-87　动画选项

各项参数功能介绍如下。

- 【锚点】【位置】：设置文字的位置。其中【锚点】主要设置文字轴心点的位置，在对文字进行缩放、旋转等操作时均是以文字轴心点进行。如图 5-88 所示为调整定位点效果。

图 5-88　设置【位置】后的效果

- 【缩放】：设置文本的缩放大小，数值越大，文本越大。启用参数左侧的【约束比例】按钮，可使 X、Y 轴同时缩放，以防止字体变形，如图 5-89 所示。
- 【倾斜】：设置文本的倾斜度，数值为正时，文本向右倾斜；数值为负时，文本向左倾斜，如图 5-90 所示。

图 5-89 设置【缩放】后的效果　　　　　　　　　　　　　图 5-90 设置【倾斜】后的效果

- 【旋转】：用于设置文本的旋转角度，如图 5-91 所示。
- 【不透明度】：设置文本的不透明度。

图 5-91 设置【旋转】后的效果

2. 颜色类控制器

　　颜色类控制器用于控制文本动画的颜色，如色相、饱和度、亮度等。综合使用可调整丰富的文本颜色效果，如图 5-92 所示。

　　各项参数功能介绍如下。

- 【填充】：设置文本的色相、色调、亮度、透明度等，如图 5-93 所示。
- 【边色】【边宽】：设置文字描边的色相、色调、亮度和描边宽度等，设置描边后的效果如图 5-94 所示。

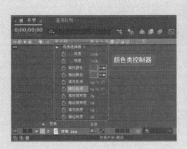

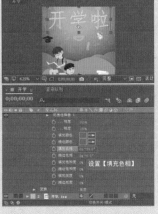

图 5-92 颜色类控制器　　　　　　图 5-93 设置填充色相后的效果　　　　　　图 5-94 设置描边后的效果

3. 文本类控制器

文本类控制器用于控制文本字符的行间距和空间位置以及字符属性的变换效果，如图 5-95 所示。

各项参数功能介绍如下。

- 【行锚点】：设置文本的定位。
- 【字符间距类型】【字符间距大小】：前者用于设置前后间距的类型，控制间距数量变化的前后范围，其中包含 3 个选项。后者用于设置间距的数量。
- 【字符对齐方式】：设置字符对齐的方式，包括【左侧或顶部】【中心】【右侧或底部】等 4 种对齐方式，如图 5-96 所示。

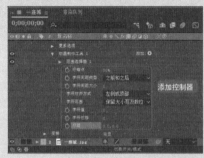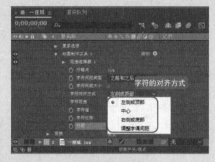

图 5-95　文本类控制器　　　　　　　　　图 5-96　字符对齐方式

- 【字符范围】：设置字符范围类型，可设置【保留大小写与数字】和【全部 Unicode】两种。
- 【字符值】：调整该参数可使整个字符变为新的字符。如图 5-97 所示。

图 5-97　设置字符

- 【字符位移】：调整该参数可使字符产生偏移，从而变成其他字符。
- 【行距】：设置文本中行和列的间距，如图 5-98 所示。

图 5-98　设置行距后的效果

4. 启用逐字 3D 化与模糊控制器

启用逐字 3D 化控制器将文字层转换为三维层，在【合成】面板中出现 3D 坐标轴，通过调整坐标轴来改变文本三维空间的位置，如图 5-99 所示。

模糊控制器可以分别对文本设置水平和垂直方向上的模糊效果，如图 5-100 所示。

图 5-99　机轴坐标

图 5-100　设置【模糊】参数

5．范围控制器

每当添加一种控制器时，都会在【动画】属性组中添加一个【范围控制器】选项，如图 5-101 所示。

各项参数功能介绍如下。

● 【起始】【结束】：设置该控制器的有效起始或结束范围，如图 5-102 所示。

● 【偏移】：设置有效范围的偏移量，如图 5-103 所示。

图 5-101　范围控制器

图 5-102　设置【起始】和【结束】参数

图 5-103　设置【偏移】参数

● 【单位】【依据】：这两个参数用于控制有效范围内的动画单位。前者以字母为单位，后者以词组为单位。

● 【模式】：设置有效范围与原文本之间的交互模式。

● 【数量】：设置属性控制文本的程度，值越大影响的程度就越强，如图 5-104 所示。

● 【形状】：设置有效范围内字符排列的形状模式，包括【矩形】【上倾斜】【三角形】等 6 种形状。

● 【平滑度】：设置产生平滑过渡的效果。

● 【缓和高】【缓和低】：控制文本动画过渡柔和最高点和最低点的速率。

● 【随机顺序】：设置有效范围添加到其他区域的随机性，随着随机数值的变化，有效范围在其他区域的效果也在不断变化。

图 5-104　设置【数量】后的效果

6. 摆动控制器

摆动控制器可以控制文本的抖动，配合关键帧动画可以制作出复杂的动画效果。要添加摆动控制器，需要在添加后的【动画】属性组右侧单击【添加】按钮右侧的小三角按钮，在弹出的快捷菜单中执行【选择器】|【摆动】命令，如图 5-105 所示。默认情况下，添加摆动控制器后即可得到不规律的文字抖动效果。

图 5-105　选择【摆动】命令

● 【最大量】【最小量】：设置随机范围的最大值、最小值。
● 【摇摆 / 秒】：设置每秒钟随机变化的频率。数值越大，变化频率越大。
● 【关联】：设置字符间相互关联变化的程度。
● 【时间相位】【空间相位】：设置文本动画在时间、空间范围内随机量的变化。
● 【锁定维度】：设置随机相对范围的锁定。

5.4.2　预置动画

在 After Effects CC 2018 的预置动画中提供了很多文字动画，在【效果和预设】面板中展开【动画预置】选项，在【文字】文件夹下包含所有的文本预置动画，如图 5-106 所示。

选择合适的动画预置，使用鼠标直接将其拖曳至文字层上即可。还可以在【效果控件】中对添加的预置动画进行修改。

图 5-106　预置动画

5.5　表达式

After Effects CC 2018 提供了一种非常方便的动画控制方法——【表达式】。表达式是由传统的 JavaScript 语言编写而成的，利用表达式可以实现界面中不能执行的命令或将大量重复性操作简单化。使用表达式可以制作出层与层或属性与属性之间的关联。

▇ 5.5.1　认识表达式

表达式具有类似于其他程序设计的语法，只有遵循这些语法才可以创建正确的表达式。在 After Effects CC 2018 中应用的表达式不需要熟练掌握 JavaScript 语言，只要理解简单的写法，就可创建表达式。

例如在某层的旋转下输入表达式：transform.rotation=transform.rotation+time*50，表示随着时间的增长呈 50 倍的旋转。

如果当前表达式要调用其他图层或者其他属性时，需要在表达式中加上全局属性和层属性。如 thisComp("03_1.jpg")transform.rotation=transform.rotation+time*20。

- 【全局属性（thisComp）】：用来说明表达式所应用的最高层级，也可理解为合成。
- 【层级标识符号（.）】：该符号为英文输入状态下的句号，表示属性连接符号，该符号前面为上位层级，后面为下位层级。
- 【layer（" "）】：定义层的名称，必须在括号内加引号，例如素材名称为 XW.jpg，可写成 layer("XW.jpg")。

另外，还可以为表达式添加注释。在注释语句前加上"//"符号，表示在同一行中任何处于//后面的语名都被认为是表达式注释语句。如：//单行语句，在注释语句首尾添加/*和*/符号，表示处于/*和*/之间的语句都被认为是表达式注释语句。如：

/* 这是一条多行注释 */

在 After Effects 中经常用到的一个数据类型是数组，而数组经常使用常量和变量中的一部分。因此，需要了解其中的数组属性，这对于编写表达式有很大帮助。

- 【数组常量】：在 JavaScript 语言中，数组常量通常包含几个数值，如 [5, 6]，其中 5 表示第 0 号元素，6 表示第一号元素。在 After Effects 中表达式的数值是由 0 开始的。
- 【数组变量】：用一些自定义的元素来代替具体的值，变量类似一个容器，这些值可以不断被改变，并且值本身不全是数字，可以是一些文字或某一对象，scale=[10，20]。
- 可使用"[]"中的元素序号访问数组中的某一元素，如 scale[0] 表示的数字是 10，而 scale[1] 表示的数字是 20。
- 【将数组指针赋予变量】：主要是为属性和方法赋予值或返回值。如将二维数组 thislayer.position 的 X 方向保持为 100，Y 方向可以运动，则表达式应为：y=position[1]，[100，y] 或 [100, position[1]]。
- 【数组维度】：属性的参数量为维度，如透明度的属性为一个参数，即为一维，也可以说是一元属性，不同的属性具有不同的维度。例如：
- ﹨【一维】：旋转、透明度。
- ﹨【二维】：二维空间中的位置、缩放、旋转。

` 【三维】：三维空间中的位置、缩放、方向。

` 【四维】：颜色。

5.5.2 创建与编辑表达式

在 After Effects CC 2018 中为某个属性创建表达式，先选择该属性，在菜单栏中执行【动画】|【添加文本选择器】|【表达式】命令，如图 5-107 所示。或按住 Alt 键单击该属性左侧的 ○ 按钮。添加表达式后的效果如图 5-108 所示。

此时，在表达式区域中输入 transform.rotation=transform.rotation+time*20，按小键盘上的 Enter 键或在其他位置处单击即可完成表达式的输入。按空格键可以查看【旋转】动画。

图 5-107 选择【表达式】命令

图 5-108 添加表达式后的效果

如果输入的表达式有误，按 Enter 确认时，系统会弹出的错误语句提示对话框，如图 5-109 所示并在表达式下【启用表达式】 ■ 的左侧出现警告图标 ⚠，如图 5-110 所示。

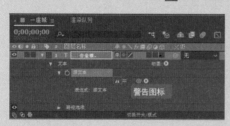

图 5-109 错误提示

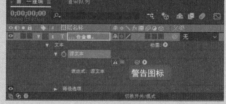

图 5-110 警告图标

在创建表达式后，可以通过修改相应表达式的属性来编辑表达的命令。如启用、关闭表达式，链接属性等。

● 【启用表达式】 ■：设置表达式的开关，当开启时，相关属性参数将显示红色，当关闭时，相关属性恢复默认颜色，如图 5-111 所示。

● 【显示后表达式图表】 ⬚：单击该按钮可以定义表达式的动画曲线，但需要先激活图形编辑器。

图 5-111　表达式的开启与关闭

● 【表达式关联器】 ⊚：单击该按钮，可以拉出一根橡皮筋，将其链接到其他属性上，可以创建表达式，使它们建立关联性的动画，如图 5-112 所示。

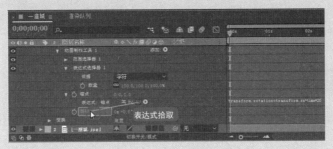

图 5-112　表达式拾取

● 【表达式语言菜单】：单击该按钮，可以弹出系统为用户提供的表达式库中的命令，根据需要在表达式菜单中选择相关的表达式语言，如图 5-113 所示。
● 【表达式区域】：用户可以在表达式区域中对表达式进行修改，可以通过手动该区域下方的边界向下进行扩展。

图 5-113　表达式语言菜单

自己练

项目练习 1：制作卡通文字动画

效果展示：见图 5-114

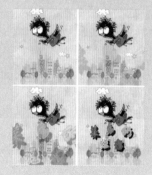

图 5-114　制作卡通文字动画

操作要领：

(1) 新建两个合成，并添加素材。

(2) 创建文字，修改【角度】和【位置】参数。

(3) 为文字添加蒙版和阴影，并为蒙版添加图片。

(4) 使用相同的方法再创建四个文字图层。

(5) 为所有文字设置缩放比例，并添加关键帧。

项目练习 2：制作光晕文字动画

效果展示：见图 5-115

图 5-115　制作光晕文字动画

操作要领：

(1) 添加素材文件，并新建合成。

(2) 创建【纯色】并为纯色添加【镜头光晕】特效，为【纯色】设置缩放比例和位置。

(3) 设置【纯色】的【光晕中心】和【光晕亮度】，并为其添加关键帧。

(4) 创建文字并复制，为其添加【线性擦除】特效并设置参数，添加关键帧。

CHAPTER 06

After Effects CC 2018
图片特效——镜头切换效果

本章概述 SUMMARY

在 After Effects CC 2018 中内置的扭曲特效和透视特效都可以称之为变形特效,其主要作用是对图像进行变形处理操作。通过扭曲特效可以制作出波浪、放大镜、扭曲变形而成的特殊画面等效果。而透视特效可以将二维图像制作出具有三维深度的特殊效果。

■ 基础知识

边角定位特效　　　　改变形状特效

■ 重点知识

镜像特效　　　　制作流光线条动画　　　　制作水面波纹效果

案例预览

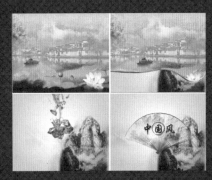

镜头切换效果

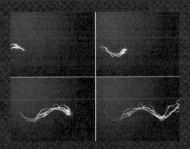

制作流光线条动画

制作水面波纹效果

【入门必练】镜头切换效果

　　本案例将介绍图片特效的制作，通过建立基础关键帧，制作素材运动动画，通过运用【径向擦除】特效制作圆圈的擦除动画，通过 CC Blobbylize 特效的使用制作动画的转场效果，完成后的效果如图 6-1 所示。

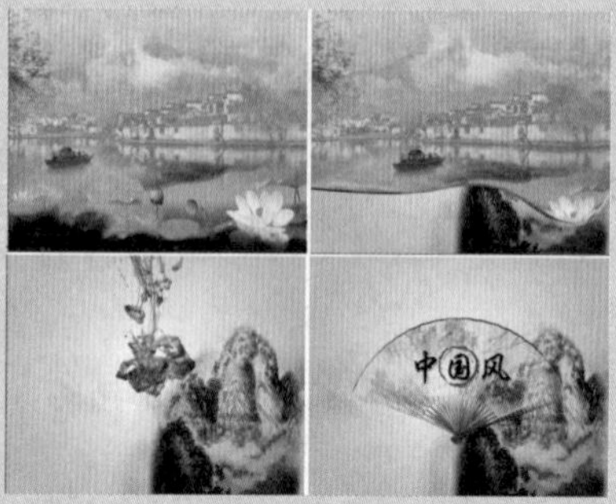

　　具体操作步骤如下。

01 双击【项目】面板，弹出【导入文件】对话框，选择随书配备资源中的素材文件，单击【导入】按钮，如图 6-2 所示。

02 打开【镜头 1.psd】对话框，在导入种类下拉列表框中选择【合成 - 保持图层大小】选项，将素材以合成的方式导入，单击【确定】按钮，如图 6-3 所示，

03 将素材导入【项目】面板中，使用同样的方法，将"镜头 2.psd"素材导入到【项目】面板中。

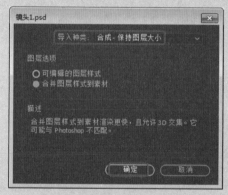

图 6-1　完成后的效果

图 6-2　选择素材文件

图 6-3　导入素材文件

04 鼠标双击项目面板，弹出【导入文件】对话框，选择随书配备资源中的素材文件，单击【导入文件夹】按钮，如图 6-4 所示。

05 将 m17 素材导入到项目面板中，如图 6-5 所示。

图 6-4　选择素材文件

图 6-5　导入素材文件

06 在【项目】面板中双击【镜头 1】合成，打开【镜头 1】合成的【时间轴】面板。按 Ctrl+K 组合键，打开【合成设置】对话框，设置持续时间为 0:00:08:00，单击【确定】按钮，如图 6-6 所示，合成窗口中的画面如图 6-7 所示。

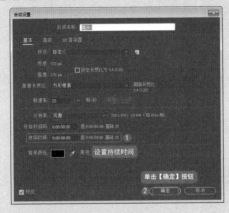

图 6-6　设置持续时间为 8 秒　　　　　　　图 6-7　合成窗口中的画面效果

07 选择【镜头 1】合成中的【图层 2】图层，将【模式】设置为【相乘】，将【变换】选项组中的【不透明度】参数设置为 52%，并调整位置，如图 6-8 所示，设置完成后的效果如图 6-9 所示。

图 6-8　设置【不透明度】参数　　　　　　图 6-9　设置完成参数后的效果

08 将当前时间设置为 0:00:00:00，选择【云】层，按 P 键，打开该层的【位置】选项，单击【位置】左侧的■按钮，在当前位置设置关键帧，将【位置】设置为 315、131，如图 6-10 所示。

09 将当前时间设置为 0:00:06:00，将【位置】设置为 401,131，如图 6-11 所示。此时的画面效果如图 6-12 所示。

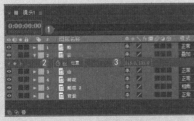
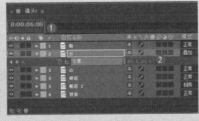

图 6-10　设置【位置】参数　　　　图 6-11　设置【位置】参数　　　　图 6-12　设置完成后的画面效果

10 将当前时间设置为 0:00:00:00，选择【船】层，单击其左侧的三角形按钮，展开【变换】选项组，将【位置】设置为 100、319，分别单击【位置】【缩放】左侧的■，在当前位置设置关键帧，如图 6-13 所示。画面效果如图 6-14 所示。

图 6-13 设置【位置】参数

图 6-14 画面效果

11 将当前时间设置为 0:00:06:00，将【位置】设置为 282、319，在当前位置设置关键帧，如图 6-15 所示，画面效果如图 6-16 所示。

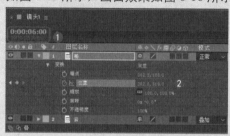
图 6-15 设置【位置】参数

图 6-16 画面效果

12 添加摄像机，在菜单栏中执行【图层】|【新建】|【摄影机】命令，打开【摄像机设置】对话框，将【预设】设置为 24，单击【确定】按钮，如图 6-17 所示。

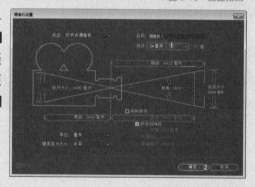
图 6-17 摄像机设置对话框

13 打开【镜头 1】合成中除【背景】和【图层 2】外其他所有图层的三维属性开关，如图 6-18 所示。

14 将当前时间设置为 0:00:00:00，选择【摄像机】层，按 P 键，打开该层的【位置】选项，单击左侧的 按钮，在当前位置设置关键帧，将【位置】设置为 360、288、-480，如图 6-19 所示。

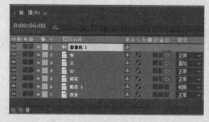
图 6-18 开启三维属性开关

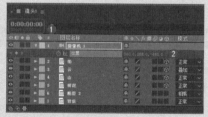
图 6-19 设置【位置】参数

> **提示一下**
>
> 选中图层按 U 键，可以显示设置关键帧的属性。

⓯ 将当前时间设置为 0:00:05:00，将【位置】设置为 360、288、-435，如图 6-20 所示。

⓰ 在【项目】面板中双击【镜头 2】合成，打开【镜头 2】合成的【时间轴】面板。按 Ctrl+K 组合键，打开【合成设置】对话框，将当前时间设置为 0:00:07:00，单击【确定】按钮，如图 6-21 所示，效果如图 6-22 所示。

图 6-20 设置【位置】参数　　　　　　　　　　　图 6-21 设置持续时间

⓱ 将当前时间设置为 0:00:00:00，选择【群山 2】图层，按 P 键，打开该图层的【位置】选项，单击【位置】左侧的 ◎ 按钮，对当前位置设置关键帧，将【位置】设置为 470、420，如图 6-23 所示。

图 6-22 合成窗口中的画面效果　　　　　　　　　图 6-23 设置【位置】参数

⓲ 将当前时间设置为 0:00:06:23，将【位置】设置为 470、380，如图 6-24 所示。

⓳ 选择【云】图层，按 Ctrl+D 组合键，在【图层名称】模式下，复制层的名称，将自动变为【云 2】，如图 6-25 所示。

图 6-24 设置【位置】参数　　　　　　　　　　　图 6-25 复制图层

20 将当前时间设置为 0:00:00:00,选择【云】【云 2】两个图层,按 P 键,打开所选图层的【位置】选项,单击位置左侧的 按钮,在当前位置为【云】【云 2】层设置关键帧,在【时间轴】面板的空白处单击,取消选择,将【云】图层的【位置】设置为 592、309,【云 2】图层的【位置】设置为 –141、309,如图 6-26 所示。效果如图 6-27 所示。

21 将当前时间设置为 0:00:06:23,将【云】图层的【位置】设置为 1102、309,【云 2】图层的【位置】设置为 347、309,如图 6-28 所示。效果如图 6-29 所示。

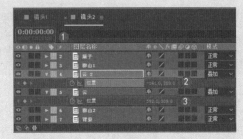

图 6-26 设置【位置】参数

图 6-27 合成窗口中的画面效果

图 6-28 设置【位置】参数

图 6-29 合成窗口中的画面效果

22 为【圆圈】添加【线性擦除】特效,在【特效】面板中展开【过渡】特效组,双击【径向擦除】特效。

23 将当前时间设置为 0:00:03:07,在【效果控件】面板中修改【径向擦除】特效的参数,单击【过滤完成】左侧的 按钮,在当前位置设置关键帧,将【过滤完成】设置为 100%,将【起始角度】设置为 45,将【羽化】设置为 25,如图 6-30 所示。

24 将当前时间设置为 0:00:06:00,将【过渡完成】设置为 0,如图 6-31 所示,其中一帧的效果如图 6-32 所示。

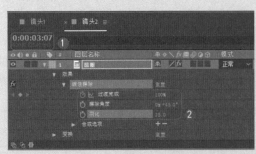

图 6-30 设置特效参数

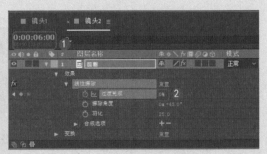

图 6-31 设置【过渡完成】参数

㉕ 为【扇子】添加【径向擦除】特效，选择【扇子】层，在【特效】面板中展开【变换】特效组，双击【径向擦除】特效。

㉖ 将当前时间设置为 0:00:03:01，在【效果控件】面板中，修改【径向擦除】特效的参数，在【擦除】右侧的下拉列表框中选择【两者兼有】选项，单击【过渡完成】左侧的 ⏱ 按钮，在当前位置设置关键帧，将【过渡完成】设置为 100%，将【起始角度】设置为 0x+180，将【擦除中心】设置为 258、301，如图 6-33 所示。

图 6-32　其中一帧的画面效果

㉗ 将当前时间设置为 0:00:06:24，将【过渡完成】设置为 0，其中一帧的效果如图 6-34 所示。

图 6-33　设置参数

图 6-34　其中一帧的画面效果

> **提示一下**
>
> 　　径向擦除：沿半径的方向进行擦除。

㉘ 将【项目面板】中的 m17 素材拖动到【镜头 2】【时间轴】面板中，并调整位置，将【变换】选项组中的【旋转】设置为 0x+90，将【模式】设置为【差值】，将【入】设置为 0:00:00:17，将【出】设置为 0:00:03:01，将【持续时间】设置为 0:00:02:01，效果如图 6-35 所示。

图 6-35　完成后的效果

㉙ 在【项目面板】空白处双击鼠标，弹出【合成设置】对话框，在【合成名称】处输入【最终合成】，将【宽】【高】分别设置为 720，576，将【帧率】设置为 25，将【持续时间】设置为 10 秒。

㉚ 打开【最终合成】面板，在【项目】面板中选择【镜头 1】【镜头 2】合成，将其拖动到【最终合成】【时间轴】面板中。

㉛ 在【最终合成】【时间轴】面板中选择【镜头 1】图层，并为其添加 CC

Blobbylize 特效，打开 Blobbylize 选项组，将 ProDerty 设置为 Luminance，Softness 设置为 199，在 Cut Away 选项中，将当前时间设置为 0:00:03:04，将 Cut Away 设置为 0，单击左侧的 ⏱ 按钮，将当前时间设置为 0:00:04:15，将 Cut Away 设置为 92，单击左侧的 ⏱ 按钮，如图 6-36、图 6-37 所示。

图 6-36　添加特效　　　　　　　　　　图 6-37　修改关键帧

32 将【镜头 2】图层的入点设置为 0:00:03:09，如图 6-38 所示。

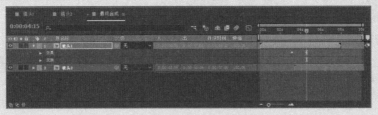

图 6-38　设置入点

6.1　扭曲特效

　　扭曲特效主要是对素材进行扭曲、拉伸或挤压等变形操作。既可以对画面的形状进行校正，也可以通过对普通的画面进行变形得到特殊效果。在 After Effects CC 2018 中提供了【CC 两点扭曲】【CC 卷页】【CC 透镜】【极坐标】【液化】【膨胀】等扭曲特效类型。

■ 6.1.1　CC Bend It（CC 两点扭曲特效）

　　CC Bend It（CC 两点扭曲特效）通过在图像上定义两个控制点来模拟图像被吸引到这两个控制点上的效果。其参数和效果如图 6-39、图 6-40 所示。

图 6-39　特效参数　　　　　　　　　图 6-40　添加前后效果对比

各项参数功能介绍如下。

- 【Bend（弯曲）】：设置对象的弯曲程度，数值越大对象弯曲度越大，反之越小。
- 【Start（开始）】：设置开始点的坐标。

- 【End（结束）】：设置结束点的坐标。
- 【Render Prestart（渲染前）】：从右侧的下拉菜单中选择一种模式设置开始点的状态。
- 【Distort（扭曲）】：从右侧的下拉菜单中选择一种模式设置结束点的状态。

■ 6.1.2　CC Bender（CC 弯曲器特效）

【CC Bender（CC 弯曲器特效）】可以使图像产生弯曲的效果，其参数和效果如图 6-41 和图 6-42 所示。

图 6-41　特效参数　　　　　　　　　　　　　图 6-42　添加前后效果对比

各项参数功能介绍如下。

- 【Amount（数量）】：用于设置对象的扭曲程度。
- 【Style（样式）】：从右侧的下拉列表中选择一种模式设置图像弯曲的方式，包括【Bend（弯曲）】【Marilyn（玛丽莲）】【Sharp（锐利）】【Boxer（拳手）】4 个选项。
- 【Adjust To Distance（调整方向）】：选中该复选框，可以控制弯曲的方向。
- 【Top（顶部）】：设置顶部坐标的位置。
- 【Base（底部）】：设置底部坐标的位置。

■ 6.1.3　CC Blobbylize（CC 融化溅落点特效）

【CC Blobbylize（CC 融化溅落点特效）】主要为对象纹理部分添加融化效果，通过调节滴状斑点、光、阴影三个特效参数达到想要的效果，其参数和效果如图 6-43、图 6-44 所示。

图 6-43　特效参数　　　　　　　　　　　　　图 6-44　添加前后效果对比

各项参数功能介绍如下。

- 【Blobbiness（滴状斑点）】：用于调整对象的扭曲程度和样式。
    - ↘ 【Blob Layer（滴状斑点层）】：用于设置产生融化溅落点效果的图层。默认情况下为效果所添加的层，也可以选择无或其他层。
    - ↘ 【Property（特性）】：从右侧的下拉列表中选择一种特性，来改变扭曲的形状。
    - ↘ 【Softness（柔和）】：设置滴状斑点边缘的柔和程度，如图 6-45 所示。

- 　【Cut Away（剪切）】：调整被剪切部分的多少。
● 【Light（光）】：调整图像光的强度及整个图像的色调。

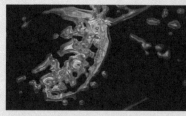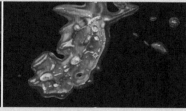

6-45　不同柔和值的不同效果

- 　【Using（使用）】：用于设置图像的照明方式。其中提供了 Effect Light（效果灯光）、AE Light（AE 灯光）两种。
- 　【Light Intensity（光强度）】：用于设置图像受光照程度的强弱。数值越大，受光照程度也就越强，如图 6-46 所示。

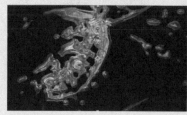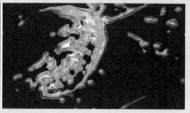

图 6-46　不同光强度时的效果

- 　【Light Color（光颜色）】：用于设置光的颜色，可以调节图像的整体色调。
- 　【Light Type（光类型）】：用于设置照明灯光的类型，包括 Distant Light（远光灯）、Point Light（点光灯），如图 6-47、图 6-48 所示。

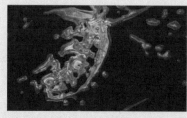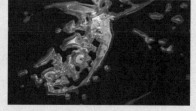

图 6-47　远光灯效果　　　　　图 6-48　点光灯效果

- 　【Light Height（光线长度）】：用于设置光线的长度，可以调整图像的曝光度。
- 　【Light Position（光位置）】：用于设置平行光产生的方向，当灯光类型为点光灯时才可用。
- 　【Light Direction（光方向）】：用于调整光照射的方向，当灯光类型为远光灯时才可用。
● 【Shading（阴影）】：设置图像明暗程度。
- 　【Ambient（环境）】：用于设置环境光的明暗程度，数值越小，照明效果越突出。数值越大，照明效果越不明显，如图 6-49 所示。
- 　【Diffuse（漫反射）】：用于调整光反射的晨读，数值越大，反射程度越强，图像越亮，数值越小，反射程度越低，图像越暗。
- 　【Specular（高光反射）】：设置图像的高光反射强度。

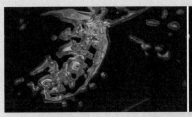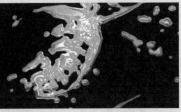

图 6-49　不同值时不同的效果

- 【Roughness（边缘粗糙）】：用于设置照明光在图像中形成光影的粗糙程度。数值越大，阴影效果越淡。
- 【Metal（质感）】：用于设置效果中金属质感的数量，数值越大金属质感越低。

■ 6.1.4　CC Flo Motion（CC 液化流动特效）

【CC Flo Motion（液化流动特效）】是利用图像两个边角位置的变化对其进行变形处理，其参数和效果如图 6-50、图 6-51 所示。

图 6-50　特效参数　　　　　　　　　　图 6-51　添加前后效果对比

各项参数功能介绍如下。

- 【Finer Controls（精细控制）】：当勾选该复选框时，图形的变形更细致。
- 【Kont1（控制点 1）】：设置控制点 1 的位置。
- 【Amount1（数量 1）】：设置控制点 1 位置图像拉伸的重复度。
- 【Kont2（控制点 2）】：设置控制点 2 的位置。
- 【Amount2（数量 2）】：设置控制点 2 位置图像拉伸的重复度。
- 【Tile Edges（背景显示）】：该复选框没有被勾选时，表示背景图像不显示。
- 【Antialiasing（抗锯齿）】：在右侧的下拉列表中设置抗锯齿的程度，包括 Low（低）、Medium（中）、High（高）三种程度。
- 【Falloff（衰减）】：用于图像的拉伸重复程度，数值越小，重复度越大；数值越大，重复度越小。

■ 6.1.5　CC Griddler（CC 网格变形特效）

【CC Griddler（网格变形特效）】是通过设置水平和垂直缩放比例对原始图像进行缩放，且可将图像进行网格化处理，并平铺至原图像大小，其参数和效果如图 6-52、图 6-53 所示。

图 6-52　特效参数

图 6-53 添加前后效果对比

各项参数功能介绍如下：

- 【Horizontal Scale（横向缩放）】：用于设置网格水平方向的偏移程度。
- 【Vertical Scale（纵向缩放）】：用于设置垂直方向的偏移程度。
- 【Tile Size（拼贴大小）】：用于设置图像中每个网格尺寸的大小，数值越大，网格越大，数值越小，网格越小。
- 【Rotation（旋转）】：用于设置图像中每个网格的旋转角度，如图 6-54 所示。

图 6-54 设置网格的旋转角度

- 【Cut Tiles（拼贴剪切）】：选中该复选框，网格边缘会出现黑边，并有凸起效果。

6.1.6 CC Lens（CC 透镜特效）

【CC Lens（CC 透镜特效）】可以使图像变形为镜头的形状，其参数和效果如图 6-55 和图 6-56 所示。

图 6-55 特效参数　　　　　　　　　　　图 6-56 添加前后效果对比

- 【Center（中心）】：用于设置创建透镜效果的中心。
- 【Size（大小）】：用于设置变形图像的尺寸大小。
- 【Convergence（聚合）】：用于设置透镜效果中图像像素的聚焦程度，如图 6-57 所示。

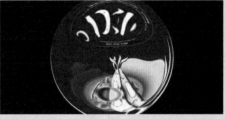

图 6-57　显示不同的效果

6.1.7　CC Page Turn（CC 卷页特效）

【CC Page Turn（CC 卷页特效）】主要用来模拟图像卷页的效果，并可制作出卷页的动画。其参数和效果如图 6-58、图 6-59 所示。

图 6-58　特效参数

图 6-59　添加前后效果对比

各项参数功能介绍如下。

- 【Controls（控制）】：用于设置图像卷页的类型。包括 Classic UI(典型 UI) 和【Top Left Corner（左上角）】【Top Right Corner（右上角）】【Bottom Left Corner（左下角）】【Bottom Right Corner（右下角）】类型。
- 【Fold Position（折叠位置）】：设置书页卷起的程度，在合适的位置添加关键帧可以产生书页翻动的效果。
- 【Fold Direction（折叠方向）】：设置树叶卷起的方向。
- 【Fold Radius（折叠半径）】：设置折叠时的半径大小。
- 【Light Direction（光方向）】：设置折叠时长生光的方向。
- 【Render（渲染）】：在右侧的下拉列表中可以选择一种方式来设置渲染部位，包括【Front&Back Page（前 & 背页）】【Back Page（背页）】和【Front Page（前页）】3 个选项。
- 【Back Page（背页）】：从右侧的下拉列表中可以选择一个层，作为背页的图案。这里的层指当前时间线上的某一层。
- 【Back Opacity（背页不透明）】：用于设置卷起时背页的不透明度。
- 【Paper Color（纸张颜色）】：用于设置纸张的颜色。

■ 6.1.8　CC Power Pin（CC 动力角特效）

【CC Power Pin（CC 动力角特效）】主要通过为图像添加 4 个边角控制点来对图像进行变形操作，可制作出透视效果其参数和效果如图 6-60、图 6-61 所示。

图 6-60　特效参数　　　　　　　　　　图 6-61　添加前后效果对比

各项参数功能介绍如下。

- 【Top Left（左上角）】：用于设置左上角的控制点的位置。
- 【Top Right（右上角）】：用于设置右上角的控制点的位置。
- 【Bottom Left（左下角）】：用于设置左下角的控制点的位置。
- 【Bottom Right（右下角）】：用于设置右下角的控制点的位置。
- 【Perspective（透视）】：用于设置图像的透视强度。
- 【Expansion（扩充）】：用于设置图像变形后边缘的扩充程度。

■ 6.1.9　CC Ripple Pulse（CC 涟漪扩散特效）

【CC Ripple Pulse（CC 涟漪扩散特效）】主要用来模拟波纹涟漪扩散的效果，其参数和效果对比如图 6-62、图 6-63 所示。

图 6-62　特效参数　　　　　　　　　　图 6-63　添加前后效果对比

各项参数功能介绍如下。

- 【Center（中心）】：用于设置波纹变形中心的位置。
- 【Pulse Level（Animate）（脉冲等级）】：用于设置波纹扩散的程度，数值越大效果越明显。
- 【Time Span（sec）（时间长度秒）】：用于设置涟漪扩散每次出现的时间跨度，当值为 0 时没有波纹效果。
- 【Amplitude（振幅）】：用于设置波纹涟漪的震动幅度。
- 【Render Bump Map（RGBA）（渲染贴图）】：当勾选该复选框时不显示背景贴图。

■ 6.1.10　CC Slant（CC 倾斜特效）

【CC Slant（倾斜特效）】可以使图形产生平行倾斜，其参数和效果如图 6-64、图 6-65 所示。

图 6-64　特效参数　　　　　　　　　　图 6-65　添加前后效果对比

各项参数功能介绍如下。

- 【Slant（倾斜）】：用于设置图像的倾斜程度。
- 【Streching（拉伸）】：选择该复选框，可以将倾斜后的图像展开。
- 【Height（高度）】：用于设置图像的高度。
- 【Floor（地面）】：用于设置图像距离视图底部的距离。
- 【Set Color（设置颜色）】：选中该复选框，可以为图像填充颜色。
- 【Color（颜色）】：设置填充的颜色，此选项只有在勾选 Set Color（设置颜色）复选框时才可使用。

■ 6.1.11　CC Smear（CC 涂抹特效）

【CC Smear（CC 涂抹特效）】是在原图像中设置控制点的位置，并通过调整该特效属性参数来模拟手指在图像中进行涂抹的效果，其参数和效果如图 6-66、图 6-67 所示。

图 6-66　特效参数　　　　　　　　　　图 6-67　添加后效果对比

各项参数功能介绍如下。

- 【From（开始点）】：设置涂抹开始点的位置。
- 【To（结束点）】：设置涂抹结束点的位置。
- 【Reach（涂抹范围）】：设置开始点与结束点之间涂抹的范围，如图 6-68 所示分别为设置为 50 和 100 时不同的效果。

图 6-68　设置不同范围时的效果

- 【Radius（涂抹半径）】：设置涂抹半径的大小，如图 6-69 所示为设置不同半径时的效果。

图 6-69 设置不同半径时的效果

6.1.12 CC Split（CC分割特效）与 CC Split2（CC分割2特效）

【CC Split（CC分割特效）】可以使对象在两个分裂点之间产生分裂，以达到想要的效果，其参数和效果如图 6-70、图 6-71 所示。

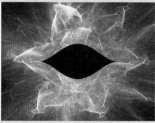

图 6-70 特效参数   图 6-71 添加前后效果对比

各项参数功能介绍如下。

- 【Point A（分割点 A）】：设置分割点 A 的位置。
- 【Point B（分割点 B）】：设置分割点 B 的位置。
- 【Split（分裂）】：设置分裂的大小，数值越大则两个分裂点的分裂口越大。
- 【CC Split2（CC 分割 2 特效）】的使用方法与【CC Split（CC 分割特效）】相同，其参数和效果如图 6-72、图 6-73 所示。

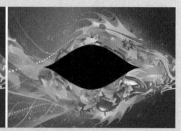

图 6-72 特效参数   图 6-73 添加前后效果对比

6.1.13 CC Tiler（CC 平铺特效）

【CC Tiler（CC 平铺特效）】可以使图像经过缩放后，在不影响原图像品质的前提下，快速地布满整个合成窗口。其参数和效果如图 6-74、图 6-75 所示。

图 6-74 特效参数

- 【Scale（缩放）】：设置拼贴图像的多少。
- 【Center（拼贴中心）】：设置图像拼贴的中心位置。
- 【Blend W.Original（混合程度）】：用于调整拼贴后的图像与原图像之间的混合程度，值越大越清晰，如图 6-76 所示。

 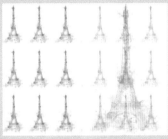

图 6-75　添加前后效果对比　　　　图 6-76　设置混合程度

■ 6.1.14　【贝塞尔曲线变形】特效

【贝塞尔曲线变形】特效通过调整围绕图像四周的贝塞尔曲线来对图像进行扭曲变形，其参数和效果如图 6-77、图 6-78 所示。

图 6-77　特效参数　　　　　　　　图 6-78　添加前后效果对比

各项参数功能介绍如下。

- 【上左 / 右上 / 下右 / 左下顶点】：分别用于调整图像四个边角上的顶点位置。
- 【上左 / 上右 / 右上 / 右下 / 下右 / 下左 / 左下 / 左上切线】：分别用于调整相邻顶点之间曲线的形状，每个顶点都包含有两条切线。
- 【品质】：用于设置图像弯曲后的品质。

■ 6.1.15　【边角定位】特效

【边角定位】特效是通过改变图像 4 个角的位置来进行变形，也可以用来模拟拉伸、收缩、倾斜、透视等效果，其参数和效果如图 6-79、图 6-80 所示。

图 6-79　特效参数　　　　　　　　图 6-80　添加前后效果对比

各项参数功能介绍如下:

- 【上左】: 用于定位左上角的位置。
- 【上右】: 用于定位右上角的位置。
- 【下左】: 用于定位左下角的位置。
- 【下右】: 用于定位右下角的位置。

6.1.16 【变换】特效

【变换】特效可以对图像的位置、尺寸、不透明度等进行综合调整,以使图像产生扭曲变形效果,其参数和效果如图 6-81、图 6-82 所示。

 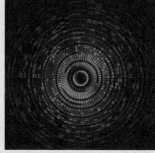 

图 6-81 特效参数　　　　　　　图 6-82 添加前后效果对比

各项参数功能介绍如下。

- 【描点】: 设置图像中线定位点坐标。
- 【位置】: 设置图像的位置。
- 【统一缩放】: 勾选该复选框,对图像的宽度和高度进行等比例缩放。
- 【缩放】: 设置图像的缩放比例。当取消【统一缩放】复选框的勾选时,缩放将变为【高度比例】和【宽度比例】两项,可以分别设置图像的高度和宽度的缩放比例。将【高度比例】和【宽度比例】分别设置比例为 50 和 100 时的效果如图 6-83 所示。

图 6-83 设置不同比例时的效果

- 【倾斜】: 设置图像的倾斜度
- 【倾斜轴】: 用于设置图像倾斜轴线的角度。
- 【旋转】: 用于设置图像的旋转角度。
- 【不透明度】: 用于设置图像的不透明度。
- 【使用合成的快门角度】: 勾选该复选框,使用合成窗口中的快门角度,否则使用特效中设置的角度作为快门角度。
- 【快门角度】: 快门角度的设置决定运动模糊的程度。

■ 6.1.17 【变形】特效

【变形】特效可以使对象图像产生不同形状的变化，如弧形、鱼形、膨胀、挤压等，其参数和效果如图 6-84、图 6-85 所示。

图 6-84 特效参数   图 6-85 添加前后效果对比

各项参数功能介绍如下。

- 【变形样式】：设置图像的变形样式，包括弧形、下弧形、上弧形等。
- 【变形轴】：设置变形对象以水平或垂直轴变形。
- 【弯曲】：设置图像的弯曲程度，数值越大则图像越弯曲，如图 6-86 所示。

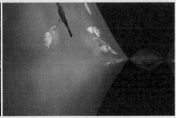

图 6-86 不同弯曲度的效果

- 【水平扭曲】：设置水平方向的扭曲度。
- 【垂直扭曲】：设置垂直方向的扭曲度。

■ 6.1.18 【变形稳定器 VFX】特效

【变形稳定器 VFX】特效可以消除因为摄像机移动导致的抖动，将抖动的手持式素材转换为稳定的平滑的拍摄。将效果添加到图层后，对素材的分析立即在后台开始。当分析开始时，两个横幅中的第一个将显示在【合成】面板中以指示正在进行分析，如图 6-87 所示。当分析完成时，第二个横幅将显示一条信息，指出正在进行稳定，如图 6-88 所示。

图 6-87 分析文件   图 6-88 稳定文件

各项参数功能介绍如下。

- 【分析】：首次应用【变形稳定器】时不需要按此按钮，系统会自动按此按钮。
- 【取消】：取消正在进行的分析。在分析期间，状态信息将显示在【取消】按钮旁边。
- 【稳定】：用于调整稳定流程。
  - 、 【结果】：控制素材的预期结果，包括【平滑运动】和【无运动】两种。
  - 、 【平滑度】：选择在多大程度上对摄像机的原始运动进行稳定设置。较低的值将更接近于摄像机的原始运动，而较高的值将更加平滑。高于 100 的值需要对图像进行更多裁切。当【结果】设置为【平滑运动】时启用。
  - 、 【方法】：指定【变形稳定器】对素材执行的用来稳定素材的最复杂操作，包括【位置】【位置、缩放、旋转】【透视】【子空间变形】四种。
  - 、 【保持缩放】：当勾选该复选框时，阻止变形稳定器尝试通过缩放调整来调整向前和向后的摄像机运动。
- 【边界】：设置调整为被稳定的素材处理边界（移动的边缘）的方式。
  - 、 【取景】：控制边缘在稳定结果中如何显示，包括【仅稳定】【稳定、裁剪】【稳定、裁剪、自动缩放】【稳定、人工合成边缘】四种。
  - 、 【自动缩放】：显示当前的自动缩放量，并允许对自动缩放量设置限制。将【取景】设置为【稳定、裁切、自动缩放】时可启用自动缩放。
  - 、 【最大缩放】：限制为进行稳定而将剪辑放大的最大量。
  - 、 【动作安全边距】：当为非零值时，指定围绕在图像边缘的不可见边框。
  - 、 【其他缩放】：使用与在【变换】下使用【缩放】属性相同的结果放大剪辑，但是避免对图像进行额外的重新取样。

■ 6.1.19 【波纹】特效

【波纹】特效可以在图像上模拟波纹效果，其参数及效果如图 6-89、图 6-90 所示。

图 6-89 特效参数

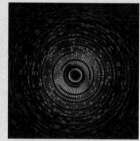
图 6-90 添加前后效果变化

各项参数功能介绍如下。

- 【半径】：用于设置波纹的半径大小，数值越大效果就越明显。
- 【波纹中心】：用于设置波纹效果的中心位置。
- 【转换类型】：用于设置波纹的类型包括提供【对称】【不对称】2 种类型。
- 【波形速度】：用于设置波纹扩散的速度。当值为正时，波纹向外扩散。当值为负时，波纹向内扩散。
- 【波形宽度】：用于设置两个波峰间的距离。
- 【波形高度】：用于设置波峰的高度。
- 【波纹相】：用于设置波纹的相位，利用该选项可以制作波纹动画。

6.1.20 【波形变形】特效

【波形变形】特效可以使图像产生一种类似水波浪的扭曲效果，其参数及效果如图6-91、图6-92所示。

图 6-91 特效参数

图 6-92 添加前后效果对比

- 【波浪类型】：用于设置波纹的类型。包括【正弦】【锯齿】【半圆形】等9种类型。【正弦】和【锯齿】类型效果，如图6-93所示。

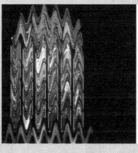

图 6-93 【正弦】和【锯齿】效果

- 【波形高度】：设置波形的高度。
- 【波形宽度】：设置波形的宽度。
- 【方向】：用于设置波浪弯曲方向。
- 【波形速度】：用于设置波形的移动速度。
- 【固定】：用于设置图像中不产生波形效果的区域。包括【无】【所有边缘】【左边】【底边】等9种。
- 【相位】：用于设置波形的位置。
- 【消除锯齿（最佳品质）】：用于设置波形弯曲效果的渲染品质。包括【低】【中】【高】3种。

6.1.21 【放大】特效

【放大】特效是在不损害图像的情况下，将局部区域进行放大，其可以设置放大后的画面与原图像的混合模式其参数和效果如图6-94、图6-95所示。

图 6-94 特效参数

图 6-95 添加前后效果对比

- 【形状】：用于选择放大区域将以哪种形状显示，包括【圆】和【正方形】2种。

- 【中心】：用于设置放大区域中心在原图像中的位置。
- 【放大率】：用于调整放大镜的倍数，数值越大，放大倍数越大。
- 【链接】：用于设置放大镜与放大镜的倍数关系，包括【无】【大小至放大率】【大小和羽化至放大率】3 个选项。
- 【大小】：用于设置放大镜的大小。
- 【羽化】：用于设置放大镜的边缘柔化程度。
- 【不透明度】：用于设置放大镜的透明程度。
- 【缩放】：从右侧的下拉列表中可以选择一种缩放的比例设置，包括标准、柔和、散布 3 个选项。
- 【混合模式】：从右侧的下拉列表中选择放大区域与原图的混合模式，与层模式设置相同。
- 【调整图层大小】：勾选该复选框可以调整图层的大小。

■ 6.1.22 【改变形状】特效

【改变形状】特效通过该层中的多个遮罩重新限定图像的形状，并产生变形效果，其参数和效果如图 6-96、图 6-97 所示。

图 6-96 特效参数   图 6-97 添加前后效果对比

- 【源蒙版】：在右侧的下拉列表中选择要变形的遮罩。
- 【目标蒙版】：用于产生变形目标的蒙版。
- 【边界蒙版】：从右侧的下拉列表中可以指定变形的边界蒙版区域。
- 【百分比】：用于设置变形效果的百分比。
- 【弹性】：用于设置原图像与遮罩边缘的匹配度，包括【坚硬】【正常】【松散】【液态】等 9 种选项。
- 【对应点】：用于显示源蒙版和目标蒙版对应点的数量，对应点越多，渲染时间越长。
- 【计算密度】：从右侧的下拉列表中可以选择【分离】【线性】【平滑】等特性。

■ 6.1.23 【光学补偿】特效

【光学补偿】特效用来模拟摄像机的光学透视效果，其参数和效果如图 6-98、图 6-99 所示。

图 6-98 特效参数   图 6-99 添加前后效果对比

- 【现场（FOV）】：用于设置镜头的视野范围。数值越大，光学变形程度越大。
- 【翻转镜头扭曲】：勾选该复选框则镜头的变形效果反向处理。
- 【FOV 方向】：用于设置视野区域的方向，包括【水平】【垂直】和【对角】3 种方式。
- 【视图中心】：用于设置视图中心点的位置。
- 【最佳像素（反转无效）】：选中该复选框，将对变形的像素进行最佳优化处理。
- 【调整大小】：用于调整反转效果的大小。

6.1.24 【果冻效应修复】特效

【果冻效应修复特效】采用一次一行扫描线的方式捕捉视频帧。因为扫描线之间存在滞后时间，所以图像的所有部分并非恰好是在同一时间录制的。如果摄像机在移动或者目标在移动，则果冻效应会导致扭曲，而通过果冻效应修复特效来清除这些扭曲的伪像，其参数和效果如图 6-100、图 6-101 所示。

图 6-100　特效参数　　　　　　　　图 6-101　添加前后效果对比

- 【果冻效应速率】：指定作为扫描时间的帧速率的百分比。DSLR 似乎介于 50% 至 70% 之间，iPhone 则接近 100%。调整此值，直到扭曲的线变为垂直线。
- 【扫描方法】：指定执行果冻效应扫描的方向，系统提供了四种扫描方法，大多数摄像机沿传感器从上到下扫描。
- 【高级】：设置果冻效应修复的高级设置。
  - 【方法】：对其指定修复的方法，包括【变形】和【像素运动】2 种。
  - 【详细分析】：勾选该复选框可以对变形执行详细的分析，此选项只适用于【变形】。
  - 【像素运动细节】：指定光流矢量场计算的详细程度。当使用【像素运动】选项时可用。

6.1.25 【极坐标】特效

【极坐标特效】可以将图形的直角坐标系和极坐标之间互相转换，从而产生变形效果，其参数和效果如图 6-102、图 6-103 所示。

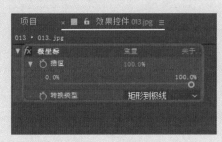 

图 6-102　特效参数　　　　　　　　图 6-103　添加前后效果对比

- 【插值】：用来设置应用极坐标时的扭曲变形程度。
- 【转换类型】：用来切换坐标类型，可以从右侧的下拉列表中选择转换类型，包括【矩形到极线】和【极线到矩形】2 种。

6.1.26 【镜像】特效

【镜像】特效可以按照指定的反射点锁定的直线，并以该直线产生镜面效果，制作出镜像效果，其参数和效果如图 6-104、图 6-105 所示。

图 6-104 特效参数　　　　　　　　　　　　　图 6-105 添加前后效果对比

- 【反射中心】：用来设置反射中心点的坐标位置。
- 【反射角度】：用来调整反射的角度，即反射点所称直线的角度。

6.1.27 【偏移】特效

【偏移特效】通过在原图像范围内分割并重组画面来创建图像偏移效果。其参数和效果如图 6-106、图 6-107 所示。

图 6-106 特效参数　　　　　　　　　　　　　图 6-107 添加前后效果对比

- 【将中心转换为】：用来调整偏移中心位置。
- 【与原始图像的混合】：设置偏移图像与原始图像间的混合程度，值为 100% 时显示原始图像。

6.1.28 【球面化】特效

【球面化】特效主要是使图像产生球形化的效果其参数和效果如图 6-108、图 6-109 所示。

图 6-108 特效参数

- 【半径】：设置变形球面化的半径。
- 【球面中心】：设置变形球体的中心位置坐标。

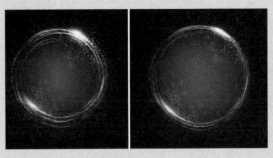

图 6-109　添加前后效果对比

6.1.29　【凸出】特效

【凸出】特效是通过设置透视中心点位置、区域大小使该区域产生膨胀、收缩的扭曲效果。其参数和效果如图 6-110、图 6-111 所示。

图 6-110　特效参数

图 6-111　添加前后效果对比

- 【水平半径】：用于设置水平方向膨胀效果的半径。
- 【垂直半径】：用于设置垂直方向膨胀效果的半径。
- 【凸透中心】：用于设置膨胀效果的中心点位置。
- 【凸透高度】：用于产生扭曲效果的程度。正值为凸，负值为凹。
- 【锥化半径】：用于设置产生变形效果的半径。
- 【抗锯齿（仅最佳品质）】：用于设置变形效果的品质，包括【低】和【高】2 种。
- 【固定】：勾选其复选框，将不对扭曲效果的边缘产生变化。

6.1.30　【湍流置换】特效

【湍流置换】特效主要利用分形噪波对整个图像产生扭曲变形效果，参数和效果如图 6-112、图 6-113 所示。

图 6-112　特效参数

图 6-113　添加前后效果对比

- 【置换】：用于选择置换的方式，包括【紊乱】【凸出】【扭曲】等 9 种方式。
- 【数量】：用于设置扭曲变形程度。数值越大，变形效果越明显。数量为 50 和 100 时的效果如图 6-114 所示。
- 【大小】：用于设置对图像变形的范围，大小为 50 和 100 时的效果，如图 6-115 所示。

图 6-114　不同数量时的效果　　　　　　　　图 6-115　不同大小的效果

- 【偏移（湍流）】：用于设置扭曲变形效果的偏移量。
- 【复杂度】：用于设置扭曲变形效果中的细节。数值越大，变形效果越强烈，细节也就越精确。复杂度为 1 和 10 时的效果如图 6-116 所示。
- 【演化】：用于设置随着时间的变化产生的扭曲变形的演进效果。

图 6-116　不同复杂度时的效果

- 【演化选项】：对演化进行设置。
  - ╲ 【循环演化】：当勾选该复选框时，演化处于循环状态。
  - ╲ 【循环（旋转次数）】：设置循环时的旋转次数。
- 【固定】：用于设置边界的固定，包括【无】【全部固定】【水平固定】等 15 种。
- 【调整图层大小】：用于调整图层的大小，当固定处于【无】状态时此选项才可用。
- 【消除锯齿】：用于设置置换效果的质量，包括【低】和【高】两种。

■ 6.1.31　【网格变形】特效

　　【网格变形】是通过调整网格化的曲线来控制图像的弯曲效果。在设置好网格数量后，在【合成】面板中通过鼠标拖曳网格上的节点进行弯曲其参数和效果如图 6-117、图 6-118 所示。

图 6-117　特效参数　　　　　　　　图 6-118　添加前后效果对比

- 【行数】：用于设置网格的行数。

- 【列数】：用于设置网格的列数。
- 【品质】：用于设置图像进行渲染的品质。数值越大，品质越高，渲染时的时间也越长。
- 【扭曲网格】：通过添加关键帧来创建网格弯曲的动画效果。

■ 6.1.32 【旋转扭曲】特效

【旋转扭曲】特效可以使图像产生一种沿指定中心旋转变形的效果，其参数和效果如图 6-119、图 6-120 所示。

图 6-119　特效参数　　　　　　　　图 6-120　添加前后效果对比

- 【角度】：用于设置图像的旋转角度，当值为正数时，按顺时针旋转，当值为负数时，按逆时针旋转，如图 6-121 所示。

图 6-121　正负时的顺逆变化

- 【旋转扭曲半径】：设置图像旋转的半径。
- 【旋转扭曲中心】：设置图像旋转的中心坐标。

■ 6.1.33 【液化】特效

【液化】特效可以对图像进行涂抹、膨胀、收缩等变形操作其参数和效果对比如图 6-122 和 6-123 所示。

图 6-122　特效参数　　　　　　　　图 6-123　添加前后效果对比

- 【工具】：在该选项下提供了多种液化工具。
  - 【湍流工具】 ≋：该工具可以使图像产生无序的波动效果。

· 【顺时针旋转工具】 ⟳、【逆时针旋转工具】 ⟲：分别对图像像素进行顺时针或逆时针旋转。选择该工具后在图像中按住鼠标左键不放即可进行变形操作。如图 6-124、图 6-125 所示为顺时针和逆时针不同效果。

图 6-124　顺时针旋转效果　　　　　图 6-125　逆时针旋转效果

· 【凹陷工具】 ◉：该工具可以将图像像素向画笔中心处收缩，如图 6-126 所示为卡通人物头部前后效果对比。

图 6-126　使用前后效果对比

· 【膨胀工具】 ◈：与【收缩工具】相反，以画笔中心处向外膨胀，效果如图 6-127 所示。

· 【转移像素工具】 ▨：沿着与绘制方向相垂直的方向移动图像素材，如图 6-128 所示。

· 【反射工具】：在画笔区域中复制周围的图像像素。

· 【仿制工具】 ⚲：使用该工具可以复制变形效果。按住 Alt 键在需要的变形效果上单击，然后松开 Alt 键，并在要应用效果的位置单击鼠标即可。

· 【重建工具】 ✐：使用该工具可以将变形的图像恢复到原始图像。

图 6-127　膨胀工具使用效果　　　　　图 6-128　移动图像素材

● 【工具选项】：主要设置画笔大小及画笔硬度。

· 【画笔大小】：用于设置画笔的大小。

- ↖ 【画笔压力】：用于设置画笔产生变形的效果。数值越大，变形效果越明显。
- ↖ 【冻结区域蒙版】：用于设置不产生变形效果区域的遮罩层。
- ↖ 【湍流抖动】：用于设置产生紊乱的程度。数值越大，效果越明显。只有选择【湍流工具】时，该项才被激活。
- ↖ 【仿制位移】：当选择【仿制工具】时被激活。勾选【对齐】复选框，再复制到可对齐相应位置。
- ↖ 【重建模式】：当选择【恢复工具】时被激活。用于设置图像恢复方式，包括【恢复】【置换】【放大扭曲】和【仿制】4 种。
- ● 【视图选项】：设置图像对象视图，包括扭曲网格、扭曲网格位移。
- ↖ 【扭曲网格】：设置关键帧来记录网格的变形动画。
- ↖ 【扭曲网格位移】：设置扭曲网格中心点位置坐标。
- ● 【扭曲百分比】：用于设置图形扭曲的百分比。

■ 6.1.34 【置换图】特效

【置换图】特效可以指定一个图层作为置换层，应用贴图置换层的某个通道值对图像进行水平或垂直方向的变形，其参数和效果如图 6-129、图 6-130 所示。

图 6-129 特效参数   图 6-130   添加前后效果对比

- ● 【置换图层】：设置置换的图层。
- ● 【用于水平置换】：分别用于选择映射层对本层水平方向，包括【红】【绿】【蓝】等 11 种。
- ● 【最大水平置换】：设置水平变形的程度。
- ● 【用于垂直置换】：分别用于选择映射层对本层垂直方向，包括【红】【绿】【蓝】等 11 种。
- ● 【最大垂直置换】：设置垂直变形的程度。
- ● 【置换图特性】：从右侧的下拉列表中可以选择一种置换方式，包括【中信图】【伸缩对应图以适应】和【拼贴图】3 种。
- ● 【边缘特性】：勾选【像素回绕】复选框将覆盖边缘像素。
- ● 【扩展输出】：勾选该复选框，使用扩展输出。

■ 6.1.35 【漩涡条纹】特效

【漩涡条纹】特效是通过一个蒙版来定义图像的变形,通过另一个蒙版来定义特效的范围,通过改变蒙版位置和蒙版旋转产生一个类似遮罩特效的生成框,通过改变百分比来实现特效的生成其参数和效果如图 6-131、图 6-132 所示。

 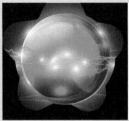 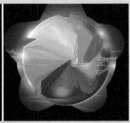

图 6-131 特效参数　　　　　　　图 6-132 添加前后对比效果

- 【源蒙版】：从右侧的下拉列表中可以选择要产生变形的蒙版。
- 【边界蒙版】：从右侧的下拉列表中可以指定变形的边界蒙版的范围。
- 【蒙版位移】：用于设置生成特效偏移的位置。
- 【蒙版旋转】：用于设置生成特效的旋转角度。
- 【蒙板缩放】：用于设置特效生成框的大小。
- 【百分比】：用于设置漩涡条纹特效的百分比程度。
- 【弹性】：用于控制图像与特效条纹的过渡程度，在右侧的下拉列表中可以选择一种弹性特效。
- 【计算密度】：用于设置特效变形的过渡方式，从右侧的下拉列表中可以选择一种方式，包括【分离】【线性】和【平滑】3 种。

6.2 透视特效

　　【透视特效】是用来模拟各种三维透视效果的一组特效，包括【3D 摄像机跟踪器】【3D 眼镜】【CC 圆柱体】【斜角边】等 10 种类型。

■ 6.2.1 3D 摄像机跟踪器特效

　　【3D 摄像机跟踪器】特效可以模仿 3D 摄像机对动画进行跟踪拍摄，如图 6-133 所示。

- 【分析】：当导入的视频加入特效显示时，对视频进行分析。
- 【取消】：当对对象进行分析时，如果需要停止分析，可以单击【取消】按钮。
- 【拍摄类型】：从右侧的下拉列表中可以选择相应的拍摄类型，包括【视图的固定角】【水平视角】和【指定视角】3 种。

- 【水平视角】：设置水平视角的角度，当拍摄类型为【指定视角】时才可用。
- 【显示轨迹】：设置视频的显示方式，包括【2D 源】和【3D 以解析】。
- 【渲染跟踪点】：当勾选该复选框时，可以渲染设置的跟踪点。

图 6-133 特效参数

- 【跟踪点大小】：用于设置跟踪点的大小。
- 【目标大小】：用于设置目标的大小。
- 【创建摄像机】：用于在【合成】面板中设置摄像机。
- 【高级】：用于设置跟踪器的高级设置。

■ 6.2.2　3D 眼镜特效

【3D 眼镜】特效主要是创建虚拟的三维空间，并将两个图层中的图像合到一个层中，其参数和效果如图 6-134、图 6-135 所示。

图 6-134　特效参数　　　　　　　　　　图 6-135　添加前后对比效果

- 【左视图】：用于指定左边显示的图像层。
- 【右视图】：用于指定右边显示的图像层。
  - 【场景融合】：用于设置左右两个视图的融合。
  - 【垂直对齐】：用于设置垂直两个视图的融合。
  - 【单位】：用于设置图像的单位，包括【像素】和【源的 %】。
  - 【左右互换】：勾选该复选框，将对左右两边的图像进行互换。
- 【3D 视图】：用于定义视图的模式，包括【立体图像对】【上下】【隔行交错高场在左，低场在右】等 9 种模式。【立体图像对】【平衡左红右绿】【平衡红蓝染色】模式效果，如图 6-136 所示。

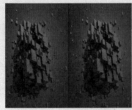  

图 6-136　不同的 3D 视图

- 【平衡】：用于设置【3D 视图】选项中平衡模式的平衡值。

■ 6.2.3　CC Cylinder（CC 圆柱体）特效

【CC Cylinder（CC 圆柱体）】特效将二维图像模拟为三维圆柱体效果其参数和效果如图 6-137、图 6-138 所示。

图 6-137　特效参数　　　　　　　　　　图 6-138　添加前后对比效果

- 【Radius（半径）】：用于设置模拟的轴圆柱体的半径，当半径为 100 和 200 时的效果如图 6-139 所示。
- 【Position（位置）】：用于调节圆柱体在画面中的位置变化，包括 Position X（X 轴位置）、Position Y（Y 轴位置）和 Position Z（装修轴位置）。
- 【Rotation（旋转）】：设置圆柱体的旋转角度。
- 【Render（渲染）】：设置图像的渲染部位，从右侧的下拉列表中可以设置渲染类型，包括 Full（全部）、Outside（外侧）和 Inside（内侧）3 种。
- 【Linger（光照）】：设置光照。
  - 【Light Intensity（光强度）】：用于设置照明灯光的强度，光强度为 100 和 200 时的效果如图 6-140 所示。
  - 【Light Color（光颜色）】：用于设置灯光的颜色。
  - 【Light Higher（灯光高度）】：用于设置灯光的高度。
  - 【Light Direction（照明方向）】：用于设置照明的方向。

　　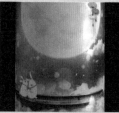

图 6-139　不同半径的效果　　　　　　图 6-140　不同光强度的效果

- 【Shading（阴影）】：用于设置图像的阴影。
  - 【Ambient（环境）】：用于设置环境光的强度。数值越大模拟的圆柱体整体越亮，当数值为 100 和 200 时的效果如图 6-141 所示。
  - 【Diffuse（扩散）】：用于设置照明灯光的扩散程度。
  - 【Specular（反射）】：用于设置模拟圆柱体的反射强度。
  - 【Roughness（粗糙度）】：用于设置模拟圆柱体效果的粗糙程度。
  - 【Metal（质感）】：用于设置模拟圆柱体产生金属效果的程度。

图 6-141　设置不同环境下光强度效果

6.2.4　CC Sphere（CC 球）特效

【CC Sphere（CC 球）】特效，将二维图像模拟成三维球体效果，其参数和效果如图 6-142、图 6-143 所示。

图 6-142　特效参数　　　　　　　　图 6-143　添加前后对比效果

- 【Rotation（旋转）】用于设置图像对象在不同轴上的旋转,包括【Rotation X（X轴旋转）】【Rotation Y（Y轴旋转）】和【Rotation Z 装修轴旋转】。
- 【Radius（半径）】：用于设置球体的半径。
- 【Offset（偏移）】：用于设置球体的位置变换。
- 【Render（渲染）】：用于设置球体的显示,从右侧的下拉列表中可以选择【Full（整体）】【Outside（外部）】和【Inside（内部）】。

■ 6.2.5 CC Spotlight（CC 聚光灯）特效

【CC Spotlight（CC 聚光灯）】特效主要用来模拟聚光灯照射的效果其参数和效果如图 6-144、图 6-145 所示。

图 6-144 特效参数   图 6-145 添加前后对比效果

- 【From（开始）】：用于设置聚光灯开始点的位置,可以控制灯光范围的大小。
- 【To（结束）】：用于设置聚光灯结束点的位置。
- 【Height（高度）】：用于设置聚光灯照射点的高度。
- 【Cone Angle（边角）】：用于调整聚光灯照射的范围,当将边角设置为 10 和 20 时的效果如图 6-146 所示。

图 6-146 设置边角不同的效果

- 【Edges Softness（边缘柔化）】：用于设置聚光灯效果边缘的柔化程度,数值越大边缘越模糊,如图 6-147 所示。

图 6-147 设置不同边缘柔化效果

- 【Intensity（亮度）】：用于设置灯光以外部分的不透明度。
- 【Render（渲染）】：从右侧的下拉列表中可以设置不同的渲染类型。
- 【Gel Layer（滤光层）】：用于设置聚光灯的滤光层,包括【Gel Only（仅滤光）】【Gel Add（增加滤光）】【Gel Add+（增加滤光 +）】和【Gel Showdown（滤光阴影）】。

6.2.6　边缘斜面特效

【边缘斜面】特效通过对图像的边缘进行设置，使其产生立体效果，其参数和效果如图 6-148、图 6-149 所示。

图 6-148　特效参数　　　　　　　　　　　图 6-149　添加前后不同效果

- 【边缘厚度】：用于设置图像边缘的厚度，如图 6-150 所示。
- 【灯光角度】：用于调整照明灯光的方向。
- 【灯光颜色】：用于设置照明灯光的颜色。
- 【灯光强度】：用于设置照明灯光的强度。

图 6-150　设置不同厚度的效果

6.2.7　径向阴影特效

【径向阴影】特效模拟灯光照射在图像上，并从边缘向其背后呈放射状阴影，阴影的形状由图像的 Alpha 通道决定，其参数和效果如图 6-151、图 6-152 所示。

图 6-151　参数特效　　　　　　　　图 6-152　添加前后不同效果

- 【阴影颜色】：用于设置阴影的颜色。
- 【不透明度】：用于设置阴影的透明度。

- 【光源】：用于调整光源的位置。
- 【投影距离】：用于设置阴影的投射距离。
- 【柔和度】：用于设置阴影边缘的柔和程度。
- 【渲染】：用于设置不同的渲染方式，包括【规则】【玻璃边缘】2 种。
- 【颜色影响】：用于设置玻璃边缘效果的影响程度。
- 【仅阴影】：勾选该复选框将只显示阴影部分。
- 【调整图层大小】：勾选该复选框可以对图层图像的大小进行调整。

■ 6.2.8　投影特效

　　【投影】特效与放射阴影特效的效果类似，阴影特效是在层的后面产生阴影，同时所产生的阴影形状也是由 Alpha 通道决定的，其参数和效果如图 6-153、图 6-154 所示。

图 6-153　特效参数　　　　　　　　　　图 6-154　添加前后不同效果

- 【阴影颜色】：用于设置阴影的颜色。
- 【不透明度】：用于设置阴影的不透明度。
- 【方向】：用于调整阴影所产生的方向。
- 【距离】：用于设置阴影与图像的距离。
- 【柔和度】：用于设置阴影边缘的柔化程度。
- 【仅阴影】：勾选复选框将只显示阴影。

■ 6.2.9　斜面 Alpha 特效

　　【斜面 Alpha】特效是通过图像的 Alpha 通道使图像的边缘产生倾斜度，看上去就像三维效果，其参数和效果如图 6-155、图 6-156 所示。

图 6-155　特效参数　　　　　　　　图 6-156　添加前后不同效果

- 【边缘厚度】：用于设置图像边缘的厚度。
- 【灯光角度】：用于调整照明灯光的方向。
- 【灯光颜色】：用于设置照明灯光的颜色。
- 【灯光强度】：用于设置照明灯光的强度。

自己练

项目练习 1：制作流光线条动画

效果展示：见图 6-157

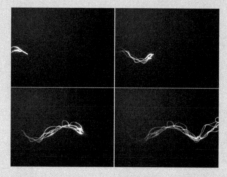

图 6-157　制作流光线条动画

操作要领：

(1) 新建合成【光线】并创建【纯色】，在【纯色】图层上用【钢笔】工具创建线条蒙版。

(2) 为纯色添加【勾画】和【发光】特效，并设置参数和关键帧，复制【纯色】图层。

(3) 再次创建合成【流动光线】并创建【纯色】，为【纯色】添加【梯度渐变】特效，并设置参数，作为背景。

(4) 在【项目】面板中将【光线】合成拖曳到【流动光线】合成中，为【光线】添加【湍流置换】特效，并复制该图层。

项目练习 2：制作水面波纹效果

效果展示：见图 6-158

图 6-158　制作水面波纹效果

操作要领：

(1) 新建【合成】并添加素材。

(2) 设置【变换】参数，添加【波纹】特效。

(3) 设置【波纹】特效的参数。

CHAPTER 07

After Effects CC 2018
图像调色——复古怀旧蝴蝶动画效果

本章概述 SUMMARY

在影视制作中，需要对图像的颜色进行调整，色主要是对图像的明暗、对比度、饱和度以及色相等进行调整，以达到改善图像质量和控制影片色彩信息的目的，使视频画面效果更加理想。

■ 基础知识
【亮度和对比度】特效　　　　　【三色调】特效
■ 重点知识
【色阶】特效　　　　　　　　　【色相／饱和度】特效
■ 重点知识
【阴影／高光】特效　　　　　　【照片滤镜】特效

案例预览

复古怀旧蝴蝶

制作暖光效果　　　　　　　　更换背景风格

【入门必练】复古怀旧蝴蝶动画效果

本案例将介绍如何制作复古怀旧蝴蝶动画效果。首先在【时间轴】面板上添加素材视频，然后在图层上添加【颜色平衡】效果，最后设置背景图层的【不透明度】和关键帧。效果如图 7-1 所示。

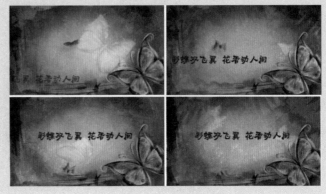

图 7-1 完成后的效果

01 在【项目】面板中单击鼠标右键，在弹出的快捷菜单中选择【新建合成】命令。在弹出的【合成设置】对话框中，将【合成名称】输入为【复古怀旧蝴蝶】，【宽度】和【高度】分别设置为 4224、2376，【像素长宽比】设置为【方形像素】，【帧速率】设置为 25，【分辨率】设置为【四分之一】，【持续时间】设置为 0:00:15:00，单击【确定】按钮，如图 7-2 所示。

02 在【项目】面板中双击鼠标，在弹出的【导入文件】对话框中，选择随书配备资源中的"复古蝴蝶.mp4 和梦幻炫酷蝴蝶.mov"视频素材，将复古蝴蝶.mp4 素材添加到【时间轴】面板中，将【缩放】设置为 223%，如图 7-3 所示。

图 7-2 【合成设置】对话框

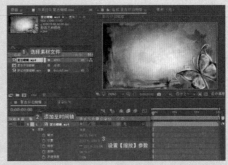

图 7-3 添加素材图层

03 将当前时间设置为 0:00:00:00，将【不透明度】设置为 0，单击左侧的秒表按钮 ，如图 7-4 所示。

04 将当前时间设置为 0:00:02:01，将【不透明度】设置为 90%，如图 7-5 所示。

图 7-4 设置【不透明度】参数

图 7-5 设置【不透明度】参数

知识链接

层模式改变了层上某些颜色的显示，所选择的模式类型决定了层的颜色如何显示，即层模式是基于上下层的颜色值的运算。下面就来介绍图层混合模式的类型。

【正常】：当透明度设置为100%时，此合成模式将根据 Alpha 通道正常显示当前层，并且此层的显示不受其他层的影响。当透明度设置小于100%时，当前层的每一个像素点的颜色都将受到其他层的影响。

【溶解】：该模式，将会把溶解的透明度作为混合色的像素百分比，并按此比把混合色放于基色之上（基色是图层混合之前位于原处的色彩或图像，是被溶解于基准色或图像之上的色彩或图像），随着顶层图层透明度数值的变化，杂色的浓度也会发生变化。

【动态抖动溶解】：该模式与【溶解】模式相同，但它对图层间的融合区域进行了随机动画。

【变暗】：该模式用于查看每个颜色通道中的颜色信息，并选择原色或混合色中较暗的颜色作为结果色，比混合色亮的像素将被替换，而比混合色暗的像素保持不变。

【相乘】：该模式为一种减色模式，将底色与层颜色相乘，形成一种光线透过两张叠加在一起的幻灯片效果。任何颜色与黑色相乘都产生黑色，与白色相乘则保持不变。

【颜色加深】：该模式类似于【相乘】混合模式，但不同的是，它会根据叠加的像素颜色相应地增加底层的对比度，和白色混合时没有效果。

【典型颜色加深】：该模式通过增加对比度，使基色变暗以反映混合色，优于【颜色加深】模式。

【线性加深】：该模式可以查看每个通道中的颜色信息，并通过减小亮度使当前层变暗，以反映下一层的颜色，下一层与当前层上的白色混合后将不会产生变化，与黑色混合后将显示黑色。

【较深的颜色】：该模式用于显示两个图层的色彩暗的部分。

【相加】：该模式将基色与层颜色相加，得到更明亮的颜色。层颜色为纯黑或基色为纯白时，都不会发生变化。

【变亮】：该模式和【较深的颜色】混合模式相反，使用该混合模式时，比较相互混合的像素亮度，将混合颜色中较亮的像素保留起来，而其他较暗的像素则被替代。

【屏幕】：该模式可制作出与【相乘】混合模式相反的效果，在图像中，白色的部分在结果中仍是白色，黑色的部分在结果中显示出另一幅图像相同位置的部分。

【颜色减淡】：该模式通过减小对比度，使基色变亮以反映混合色。如果混合色为黑色则不产生变化，画面整体变亮。

【典型颜色减淡】：该模式通过减小对比度，使基色变亮以反映混合色，优于【颜色减淡】模式。

【线性减淡】：该模式用于查看每个通道中的颜色信息，并通过增加亮度使基色变亮以反映混合色。与黑色混合后不发生变化。

【较浅的颜色】：该模式用于显示两个图层亮度较大的色彩。

知识链接

【叠加】：该模式复合或过滤颜色，具体取决于基色。颜色在现有像素上叠加，同时保留基色的明暗对比。该模式对于中间色调影响较明显，对于高亮度区域和暗调区域影响不大。

【柔光】：该模式使颜色变亮或变暗，具体取决于混合色。如果混合色比50%灰色亮，则图像变亮。如果混合色比50%灰色暗，则图像变暗。用纯黑色或纯白色绘画会产生明显较暗或较亮的区域，但不会产生纯黑色或纯白色。

【强光】：该模式模拟强光照射，复合或过滤颜色，具体取决于混合色。如果混合色比50%灰色亮，则图像变亮，就像过滤后的效果。这对于向图像中添加高光非常有用。如果混合色比50%灰色暗，则图像变暗，就像复合后的效果。这对于向图像添加暗调非常有用。用纯黑色或纯白色绘画会产生纯黑色或纯白色。

【线性光】：该模式通过减小或增加亮度来加深或减淡颜色，具体取决于混合色。

【亮光】：该模式通过减小或加深对比度来加深或减淡颜色，具体取决于混合色，如果混合色比50%的灰色亮，则通过减小对比度来使图像变亮，如果混合色比50%的灰色暗，则通过增加对比度来使图像变暗。

【点光】：该模式通过增加或减小对比度来加深或减淡颜色，具体取决于混合色。

【纯色混合】：该模式产生一种强烈的色彩混合效果，图层中亮度区域变得更亮，暗调区域颜色变得更深。

【差值】：该模式用于从基色中减去混合色，或从混合色中减去基色，具体取决于亮度值大的颜色。与白色混合基色值会反转，与黑色混合不会产生变化。

【典型差值】：该模式用于从基色中减去混合色，或从混合色中减去基色，优于【插值】模式。

【排除】：该模式与【差值】模式相似，但对比度要更低一些。

【相减】：该模式用于将黑色、灰色部分加深，完全覆盖白色。

【相除】：该模式用于将白色覆盖黑色，把灰度部分的亮度进行相应提高。

【色相位】：该模式用基色的亮度和饱和度以及混合色的色相创建结果色。

【饱和度】：该模式用基色的亮度和色相，以及层颜色的饱和度创建结果颜色，如果底色为灰度区域，用此模式不会引起变化。

【颜色】：该模式用基色的亮度以及混合色的色相和饱和度创建结果色，保留了图像中的灰阶，可很好地对单色图像上色和彩色图像着色。

【发光度】：该模式用基色的色相和饱和度以及混合色的亮度创建结果色。

【模版Alpha】：该模式可以使模版层的Alpha通道影响到下方的层。

【模版亮度】：该模式通过模版层的像素亮度显示多个层。使用该模式，层中较暗的像素比较亮的像素更透明。

【轮廓Alpha】：该模式将下层图像根据模板层的Alpha通道生成图像的显示范围。

【轮廓亮度】：在该模式下，层中较亮的像素会比较暗的像素透明。

知识链接

【添加 Alpha】：该模式用于将底层与目标层的 Alpha 通道共同建立一个无痕迹的透明区域。

【冷光预乘】：该模式可以将层的透明区域像素和底层共同作用，使 Alpha 通道具有边缘透镜和光亮效果。

05 将【梦幻炫酷蝴蝶.mov】添加到【时间轴】面板顶层，将【缩放】设置为 333，在该视频右侧的时间轴上单击鼠标右键，在弹出的快捷菜单中执行【混合模式】|【强光】命令，将【不透明度】设置为 20，如图 7-6 所示。

06 选中【梦幻炫酷蝴蝶.mov】层，在菜单栏中执行【效果】|【颜色校正】|【颜色平衡】命令。在【效果控件】面板中，将【阴影绿色平衡】设置为 28.0，【中间调绿色平衡】设置为 10.0，【高光红色平衡】设置为 30.0，【高光绿色平衡】设置为 15.0，如图 7-7 所示。

图 7-6　设置【模式】　　　　　　　　　　图 7-7　设置【颜色平衡】参数

提示一下

【颜色平衡】效果可更改图像阴影、中间调和高光中的红色、绿色和蓝色数量。【保持发光度】选项用于在更改颜色时，保持图像的平均亮度。此控件可保持图像的色调平衡。此效果适用于 8-bpc 和 16-bpc 颜色。

07 使用【横排文字工具】🆃 输入文本"彩蝶双飞翼 花香动人间"，将【字体】设置为汉仪雁翎体简，将【字体大小】设置为 250，【字体颜色】设置为 1D1900，如图 7-8 示。

08 将当前时间设置为 0:00:00:00，将【锚点】设置为 1311、-69，【位置】设置为 -413、2625，单击【位置】左侧的秒表按钮🕐，如图 7-9 所示。

图 7-8　设置字体

图 7-9　设置【锚点】和【位置】参数

09 将当前时间设置为 0:00:05:22,将【位置】设置为 2073、1050,如图 7-10 所示。

10 将当前时间设置为 0:00:00:00,将【不透明度】设置为 0,单击左侧的秒表按钮⏱,如图 7-11 所示。

11 将当前时间设置为 0:00:03:19,将【不透明度】设置为 100%,如图 7-12 所示。

图 7-10　设置【位置】参数

图 7-11　设置【不透明度】参数

图 7-12　设置【不透明度】参数

7.1　颜色校正特效 1

在颜色校正中包含 34 种特效,它们集中了 AE 中最强大的图像效果修正特效。通过版本的不断升级,其中的一些特效得到了很大程度的完善,从而为用户提供了更好的工作平台。

选择【颜色校正】特效有以下两种方法:

- 在菜单栏中执行【效果】|【颜色校正】命令,在弹出的子菜单栏中选择相应的特效,如图 7-13 所示。
- 在【效果和预设】面板中单击【颜色校正】左侧的下拉三角按钮,在打开的列表中选择相应的特效,如图 7-14 所示。

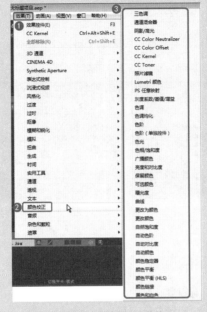

图 7-13　【颜色校正】菜单　　　　　　　　图 7-14　【效果和预设】面板

■ 7.1.1　【CC Color Offset（CC 色彩偏移）】特效

【CC Color Offset（CC 色彩偏移）】特效可以对图像中的色彩信息进行调整，通过设置各个通道中的颜色相位偏移来获得不同的色彩效果，如图 7-15 所示。各项参数功能介绍如下。

- 【Red Phase/Green Phase/Blue Phase（红色 / 绿色 / 蓝色相位）】：该选项用于调整图像的红色、绿色、蓝色相位的位置，效果如图 7-16 所示。

图 7-15　特效参数

- 【Overflow（溢出）】：该选项用于设置颜色溢出现象的处理方式，在该下拉列表中分别选择【Wrap（包围）】、【Solarize（曝光过度）】、【Polarize（偏振）】3 个不同选项时的效果如图 7-17 所示。

图 7-16　调整红、绿、蓝色相位效果

图 7-17　包围、曝光过度和偏振效果

■ 7.1.2 【CC Color Neutralizer（CC 彩色中和器）】特效

【CC Color Neutralizer（CC 彩色中和器）】特效与【CC Color Offset（CC 色彩偏移）】特效相似，可以对图像中的色彩信息进行调整，其参数和效果如图 7-18、图 7-19 所示。

图 7-18　特效参数　　　　　　　　　　图 7-19　添加前后对比效果

■ 7.1.3 【CC Kernel（CC 内核）】特效

【CC Kernel（CC 内核）】特效用于调节素材的亮度，以达到校色的目的，其参数和效果如图 7-20、图 7-21 所示。

图 7-20　特效参数　　　　　　　　　　图 7-21　添加前后对比效果

■ 7.1.4 【CC Toner（CC 调色）】特效

【CC Toner（CC 调色）】特效通过对原图的高光颜色、中间色调和阴影颜色的调节来改变图像的颜色，其参数和效果如图 7-22、图 7-23 所示。

图 7-22　特效参数　　　　　　　　　　图 7-23　添加前后对比效果

- 【Highlights（高光）】：该选项用于设置图像的高光颜色。
- 【Midtons（中间）】：该选项用于设置图像的中间色调。
- 【Shadows（阴影）】：该选项用于设置图像的阴影颜色。
- 【Blend w. Original（混合初始状态）】：该选项用于调整与原图的混合程度。

7.1.5 【PS 任意映射】特效

【PS 任意映射】特效可调整图像色调的亮度级别。该特效可用在 Photoshop 的映像文件上，其参数和效果如图 7-24、图 7-25 所示。

图 7-24 特效参数   图 7-25 添加前后对比效果

- 【相位】：该选项用于设置图像颜色相位置。
- 【应用相位映射到 Alpha】：勾选该复选框，将应用外部的相位映射贴图到该层的 Alpha 通道。如果确定的映像中不包含 Alpha 通道，则会为当前层指定一个 Alpha 通道，并用默认的映像指定于 Alpha 通道中。

> **提示一下**
> 在【效果控件】面板中单击【选项】按钮可以打开【加载 PS 任意映射】对话框，可在对话框中调用任意影像文件。

7.2 颜色校正特效 2

7.2.1 【保留颜色】特效

【保留颜色】特效可以通过设置颜色来指定图像中保留的颜色，将其他的颜色转换为灰度效果，某参数和效果如图 7-26、图 7-27 所示。

图 7-26 特效参数   图 7-27 添加前后对比效果

- 【脱色量】：该选项用于控制保留颜色以外颜色的脱色百分比。
- 【要保留的颜色】：该选项右侧的色块或吸管可设置图像中需要保留的颜色。
- 【容差】：该选项用于调整颜色的容差程度，值越大，保留的颜色就越多。
- 【边缘柔和度】：该选项用于调整保留颜色边缘的柔和程度。
- 【匹配颜色】：该选项用于匹配颜色模式。

7.2.2 【更改为颜色】特效

【更改为颜色】特效是通过颜色的选择，将一种颜色直接改变为另一种颜色，在用法上与【更改颜色】特效相似，其参数和效果如图 7-28、图 7-29 所示。

图 7-28 特效参数　　　　　　　　　　　　　　　　图 7-29 添加前后对比效果

- 【自】：该选项利用色块或吸管来设置需要替换的颜色。
- 【收件人】：该选项通过利用色块或吸管来设置替换的颜色。
- 【更改】：单击右侧选项的下拉三角按钮，在弹出的列表中选择替换颜色的基准，包括【色相】、【色相和亮度】、【色相和饱和度】、【色相、亮度和饱和度】几个选项。
- 【更改方式】：该选项用于设置颜色的替换方式，单击该选项右侧的下拉三角按钮，在弹出的下拉选项中包括【设置为颜色】、【变换为颜色】两种选项；
  - 、【设置为颜色】该选项用于将受影响的像素直接更改为目标颜色。
  - 、【变换为颜色】该选项用于使用 HLS 插值将受影响的像素值转变为目标颜色；每个像素的更改量取决于像素的颜色接近源颜色的程度。
- 【柔和度】：该选项用于设置替换颜色后的柔和程度。
- 【查看校正遮罩】：勾选该复选框，可以将替换后的颜色变为蒙版的形式。

■ 7.2.3　【更改颜色】特效

【更改颜色】特效用于改变图像中某种颜色区域的色调饱和度和亮度，可通过制定某一个基色和设置相似值来确定区域，其参数和效果如图 7-30、图 7-31 所示。

图 7-30 特效参数　　　　　　　　　　　　　　　　图 7-31 添加前后对比效果

- 【视图】：该选项用于选择【合成】面板的预览效果模式，包括【校正的图层】和【颜色校正蒙版】。【校正层】：该选项用来显示【更改颜色】调节的效果，【色彩校正遮罩】用来显示层上哪个部分被修改。在【色彩校正遮罩】中，白色区域为转化最多的区域，黑色区域为转化最少的区域。
- 【色相变换】：该选项用于设置色调，调节所选颜色区域的色彩校准度。
- 【亮度变换】：该选项用于设置所选颜色亮度。
- 【饱和度变换】：该选项用于设置所选颜色饱和度。

- 【要更改的颜色】：该选项用于选择图像中需要调整的区域颜色。
- 【匹配容差】：该选项用于调节颜色匹配的相似程度。
- 【匹配柔和度】：该选项用于控制修正颜色的柔和度。
- 【匹配颜色】：该选项用于匹配颜色空间。包括【使用RGB】【使用色调】【使用色度】3种选项。
- 【反转色彩校正遮罩】：勾选该复选框，将对当前颜色调整遮罩的区域进行反转。

7.2.4 【广播颜色】特效

【广播颜色】特效主要对影片像素的颜色值进行测试。计算机与电视为色彩有很大区别，为了使图像信号能正确地在两种不同的设备中传输与播放，可使用【广播颜色】特效将计算机产生的颜色亮度或饱和度降低到一个安全值，从而使图像正常播放，其参数和效果如图7-32、图7-33所示。

图7-32 特效参数　　　　　　　　　　　图7-33 添加前后对比效果

- 【广播区域设置】：该选项用于设置广播标准制式，包括NTSC和PAL 2种制式。
- 【确保颜色安全的方式】：该选项用于选择一种获得安全色彩的方式，包括【降低亮度】【降低色饱和度】【非安全切断】，【安全切断】。
- 【最大信号振幅IRE】：该选项用于限制最大信号幅度，最小值为90，最大值为120。

7.2.5 【黑色和白色】特效

【黑色和白色】特效主要是通过设置原图像中相应的色系参数，将图像转化为黑白或单色的画面效果其参数和效果如图7-34、图7-35所示。

图7-34 特效参数　　　　　　　　　　　图7-35 添加前后对比效果

- 【红色/黄色/绿色/青色/蓝色/洋红】：该选项用于设置原图像中的颜色明暗度；数值越大，图像中该色系区域越亮。
- 【淡色】：勾选该复选框，可以为黑白添加单色效果。
- 【色调颜色】：该选项用于设置图像的着色颜色。

■ 7.2.6 【灰度系数 / 基值 / 增益】特效

【灰度系数 / 基值 / 增益】特效可以对每个通道单独调整相应曲线，以便于细致地更改图像效果，其参数和效果如图 7-36、图 7-37 所示。

图 7-36 特效参数　　　　　　　　　　　　　图 7-37 添加前后对比效果

- 【黑色伸缩】：该选项用于控制图像中的黑色像素。
- 【红色、绿色、蓝色灰度系数】：用于控制颜色通道曲线的形状。
- 【红色、绿色、蓝色基值】：用于设置通道中最小输出值，主要控制图像的暗区部分。
- 【红色、绿色、蓝色增益】：用于设置通道中最大输出值，主要控制图像的亮区部分。

■ 7.2.7 【可选颜色】特效

【可选颜色】特效可以对图像中的指定颜色进行校正，以调整图像中不平衡的颜色，其最大的好处就是可以单独调整某一种颜色，而不影响其他颜色，其参数和效果如图 7-38、图 7-39 所示。

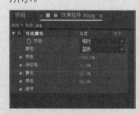

图 7-38 特效参数　　　　　　　　　　　　　图 7-39 添加前后对比效果

■ 7.2.8 【亮度和对比度】特效

【亮度和对比度】特效主要对图像的亮度和对比度进行调节，其参数和效果如图 7-40、图 7-41 所示。

图 7-40 特效参数　　　　　　　　　　　　　图 7-41 添加前后对比效果

- 【亮度】：该选项用于调整图像的亮度。
- 【对比度】：该选项用于调整图像的对比度。

■ 7.2.9 【曝光度】特效

【曝光度】特效用于调节图像的曝光程度，可通过选择通道来设置图像曝光的通道，其参数和效果如图 7-42、图 7-43 所示。

图 7-42 特效参数　　　　　　　　　　　图 7-43 添加前后对比效果

- 【通道】：在右侧下拉列表中选择要曝光的通道，包括【主要通道】和【单个通道】2 种。
- 【主】：该选项主要调整整个图像的色彩。
- 【曝光】：该选项用于设置整体画面曝光程度。
- 【补偿】：该选项用于设置整体画面曝光偏移量。
- 【Gamma 校正】：该选项用于设置整体画面的灰度值。
- 【红色/绿色/蓝色】该选项用于设置每个 RGB 色彩通道的曝光、补偿和 Gamma 校正。
- 【不使用线线光转换】：勾选该复选框将设置线性光变换旁路。

■ 7.2.10 【曲线】特效

【曲线】特效用于调整图像的色调和明暗度，精确地调整高光、阴影和中间调区域中任意一点的色调与明暗，该特效与 Photoshop 中的曲线功能相似，可对图像的各个通道进行控制，调节图像色调范围。在曲线上最多可设置 16 个控制点，其参数和效果如图 7-44、图 7-45 所示。

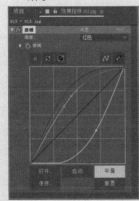

图 7-44 特效参数　　　　　　　　　　　图 7-45 添加前后对比效果

- 【通道】：可在下拉列表中选择调整图像的颜色通道，包括 RGB 命令、【红、绿、蓝】和 Alpha。

- 【曲线】：使用该工具可以在曲线上增加控制点。删除控制点，可在曲线上选中要删除的控制点，将其拖动至坐标区域外。按住鼠标左键拖动控制点，可对曲线进行编辑。
- 【铅笔】：使用该工具可以在左侧的控制区内单击拖动，绘制一条曲线来控制图像的亮区和暗区分布效果。
- 【打开】：单击该按钮可以打开储存的曲线文件，根据打开的曲线文件控制图像。
- 【保存】：该工具用于对调节好的曲线进行存储，方便再次使用。存储格式为 .ACV。
- 【平滑】：单击该按钮可以将所设置的曲线转为平滑的曲线。
- 【重置】：单击该按钮可将曲线恢复为初始的直线效果。
- 【自动】：单击该按钮将自动调整图像的色调和明暗度。

■ 7.2.11 【三色调】特效

【三色调】特效与【CC 调色】特效的功能和参数相同，其参数和效果如图 7-46、图 7-47 所示。

图 7-46　特效参数　　　　　　　　　　　　　图 7-47　添加前后对比效果

■ 7.2.12 【色调】特效

【色调】特效可以通过指定的颜色对图像进行颜色映射处理，其参数和效果如图 7-48、图 7-49 所示。

图 7-48　特效参数　　　　　　　　　　　　　图 7-49　添加前后对比效果

- 【将黑色映射到】：该选项用于设置图像中黑色和灰色映射的颜色。
- 【将白色映射到】：该选项用于设置图像中白色映射的颜色。
- 【着色数量】：该选项用于设置色调映射时的映射程度。

■ 7.2.13 【色调均化】特效

【色调均化】特效用于对图像的阶调平均化。用白色取代图像中最亮的像素，用黑色取代图像中最暗的像素，以平均分配白色与黑色之间的阶调取代最亮与最暗之间的像，其参数和效果如图 7-50、图 7-51 所示。

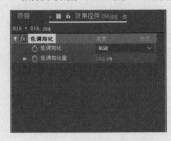

图 7-50　特效参数　　　　　　　　　　　　　图 7-51　添加前后对比效果

- 　【色调均化】：该选项用于设置均衡方式。可在右侧的下拉列表中选择 RGB、【亮度】
  【Photoshop 风格】等 3 种均衡方式。
- 　【色调均化量】：该选项用于设置参数指定重新分布亮度的程度。

■ 7.2.14　【色光】特效

　　【色光】特效是一种功能强大的通用效果，可为图像转换颜色和设置动画，也可以为图像巧妙地着色，还可以彻底更改其调色板。

　　其参数和效果如图 7-52、图 7-53 所示。

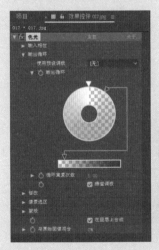

图 7-52　特效参数　　　　　　　　　　　　　图 7-53　添加前后对比效果

- 　【输入相位】：该选项用于调整色彩的相位，在该选项中包括多种选择，如图 7-54
  所示。
  - 　【获取相位，自】：选择产生渐变映射的元素，单击右侧的下拉三角按钮，在弹
    出的下拉列表中选择。

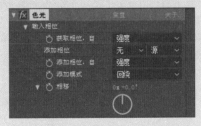

图 7-54　【输入相位】子选项

- ↖ 【添加相位】：单击该选项右侧的下拉三角按钮，在弹出的下拉列表中指定合成图像中的一个层产生渐变映射。
- ↖ 【添加相位，字】：该选项用于设置当前层指定渐变映射的层添加通道。
- ↖ 【相移】：该选项用于设置相移的旋转角度。
- ● 【输出循环】：该选项用于设置渐变映射的样式。
- ↖ 【使用预设调板】：在该选项中单击右侧的下拉三角按钮，在弹出的下拉列表中设置渐变映射的效果。
- ↖ 【输出循环】：该选项用于调整三角色块来改变图像中相对应的颜色。
- ↖ 【循环重复次数】：该选项用于控制渐变映射颜色的循环次数。
- ↖ 【差值调板】：取消勾选该复选框，系统以 256 色在色轮上产生粗糙的渐变映射效果。
- ● 【修改】：该选项用于对渐变映射效果进行更改。
- ● 【像素选区】：该选项用于指定色光影响的颜色。
- ● 【蒙版】：该选项用于指定一个控制色光的蒙版层。
- ● 【在图层上合成】：该选项用于将效果合成在图层画面上。
- ● 【与原始图像混合】：该选项用于设置特效的应用程度。

■ 7.2.15 【色阶】特效

【色阶】特效用于调整图像的阴影、中间调和高光的强度级别，从而校正图像的色调范围和色彩平衡，其参数和效果如图 7-55、图 7-56 所示。

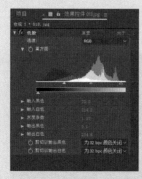

图 7-55 特效参数   图 7-56 添加前后对比效果

- ● 【通道】：利用该下拉列表，可以在整个的颜色范围内对图像进行色调调整，也可以单独编辑特定颜色的色调。
- ● 【直方图】：该选项用于显示图像中像素的分布情况。
- ● 【输入黑色】：该选项用于设置输入图像中暗区的阈值，输入的数值将应用到图像的暗区。
- ● 【输入白色】：该选项用于设置输入图像中白色的阈值。由直方图中右侧的白色小三角控制。
- ● 【灰度系数】：该选项用于设置输出的中间色调。
- ● 【输出黑色】：该选项用于设置输出图像中黑色的阈值。在直方图下方灰阶条中由左方黑色小三角控制。
- ● 【输出白色】：该选项用于设置输出图像中白色的阈值。在直方图下方灰阶条中由右方白色小三角控制。

● 【修剪以输出黑色】：该选项用于设置修剪暗区输出的状态。

● 【修剪以输出白色】：该选项用于设置修剪亮区输出的状态。

■ 7.2.16 【色阶（单独控件）】特效

【色阶（单独控件）】特效与【色阶】特效的应用方法相同，只是在控制图像的亮度、对比度和灰度系数时，对图像通道进行单独控制，细化了控件的效果，其参数和效果如图 5-57、图 7-58 所示。

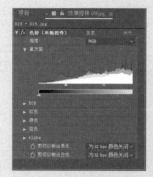

图 7-57　特效参数

图 7-58　添加前后对比效果

■ 7.2.17 【色相 / 饱和度】特效

【色相 / 饱和度】特效用于调整图像中单个颜色分量的主色相、主饱和度和主亮度，与【色彩平衡】特效相似。其参数如图 7-59 所示。

● 【通道控制】：该选项用于设置颜色通道。如果设置为【主】，将对所有颜色应用效果，选择其他选项，则对相应的颜色应用效果。

● 【通道范围】：该选项用于控制所调节的颜色通道的范围。两个色条表示其在色轮上的顺序，上面的色条表示调节前的颜色，下面的色条表示在全饱和度下调整后的

图 7-59　特效参数

效果。当对单独的通道进行调节时，下面的色条会显示控制滑杆。拖动竖条调节颜色范围；拖动三角，调整羽化量。

● 【主色相】：该选项用于控制所调节的颜色通道的色调。利用颜色控制轮盘改变总的色调，调整前后效果如图 7-60 所示。

图 7-60　调整【主色相】参数效果

- 【主饱和度】：该选项用于控制所调节的颜色通道的饱和度，效果如图 7-61 所示。

图 7-61　调整【主饱和度】参数效果

- 【主亮度】：该选项用于控制所调节的颜色通道的亮度，效果如图 7-62 所示。

图 7-62　调整【主亮度】参数效果

- 【彩色化】：勾选该复选框，图像将被转换为单色调效果，如图 7-63 所示。

图 7-63　未勾选与勾选【彩色化】效果

- 【着色色相】：该选项用于设置彩色化图像后的色调，效果如图 7-64 所示。

图 7-64　调整【着色色相】参数的效果

- 【着色饱和度】：该选项用于设置彩色化图像后的饱和度，效果如图 7-65 所示。

图 7-65　调整【着色饱和度】参数效果

- 【着色亮度】：该选项用于设置彩色化图像后的亮度。

■ 7.2.18　【通道混合器】特效

【通道混合器】特效可以利用图像中现有颜色通道的混合来修改目标（输出）颜色通

道，从而控制单个通道的颜色量。 利用该命令可以创建高品质的灰度图像、棕褐色调图像或其他色调图像，也可以对图像进行创造性的颜色调整，其参数和效果如图 7-66、图 7-67所示。

图 7-66　特效参数　　　　　　　　　　　　　　　图 7-67　添加前后对比效果

- 【红色、绿色、蓝色】：该组合选项用于调整图像色彩，其中左右 X 代表来自 RGB通道色彩信息。
- 【单色】：勾选该复选框，图像将变为灰色，即单色图像。此时再次调整通道色彩将会改变单色图像的明暗关系。

■ 7.2.19　【颜色链接】特效

【颜色链接】特效用于将当前图像的颜色信息覆盖在当前层上，以改变当前图层的颜色，可通过设置不透明参数，使图像具有透过玻璃看画面的效果，其参数和效果如图 7-68、图 7-69所示。

图 7-68　特效参数　　　　　　　　　　　　　　　图 7-69　添加前后对比效果

- 【源图层】：可以在下拉列表中选择需要与之颜色匹配的图层。
- 【示例】：可以在右侧的下拉列表中选择一种默认的样品来调节颜色。
- 【剪切（%）】：该选项用于设置调整的程度。
- 【模板原始 Alpha】：读取原稿的透明模板，如果原稿中没有 Alpha 通道，通过抠像也可以产生类似的透明区域，因此对此选项的勾选很重要。
- 【不透明度】：该选项用于设置所调整颜色的透明度。
- 【混合模式】：该选项用于调整所选颜色层的混合模式，这是此命令的另一个关键点，最终的颜色连接通过此模式完成。

■ 7.2.20　【颜色平衡】特效

【颜色平衡】特效主要用于调整整体图像的色彩平衡，以及对于普通色彩的校正，通过 R（红）、G（绿）、B（蓝）通道，分别调节图像颜色在暗部、中间色调和高亮部分的强度，其参数和效果如图 7-70、图 7-71 所示。

图 7-70 特效参数　　　　　　　　　　图 7-71 添加前后对比效果

- 【阴影红色 / 绿色 / 蓝色平衡】该选项用于调整阴影区域中红、绿、蓝的色彩平衡程度，默认值范围为 -100~100。
- 【中值红色 / 绿色 / 蓝色平衡】：该选项用于调整中间区域的色彩平衡程度。
- 【高光红色 / 绿色 / 蓝色平衡】：该选项用于调整高光区域的色彩平衡程度。

■ 7.2.21　【颜色平衡（HLS）】特效

【颜色平衡（HLS）】特效与【颜色平衡】特效基本相似，不同的是该特效不是调整图像的 RGB 而是 HLS，即调整图像的色相、亮度和饱和度各项参数，以改变图像的颜色，其参数和效果如图 7-72、图 7-73 所示。

图 7-72 特效参数　　　　　　　　　　图 7-73 添加前后对比效果

- 【色相】：该选项用于调整图像的色调。
- 【亮度】：该选项用于调整图像的明亮程度。
- 【饱和度】：该选项用于调整图像整体颜色的饱和度。

■ 7.2.22　【颜色稳定器】特效

【颜色稳定器】特效可以根据周围的环境改变素材的颜色，可通过设置采样颜色改变画面色彩的效果，其参数和效果如图 7-74、图 7-75 所示。

图 7-74 特效参数　　　　　　　　　　图 7-75 添加前后对比效果

- 【稳定】：该选项用于设置颜色稳定的方式，在其右侧的下拉列表中有【亮度】【电平】【曲线】3 种形式。
- 【黑场】：该选项用于指定图像中黑色点的位置。

- 【中点】：该选项用于在亮点和暗点中间设置一个保持不变的中间色调。
- 【白场】：该选项用于指定白色点的位置。
- 【样本大小】：该选项用于设置采样区域的大小尺寸。

7.2.23　【阴影 / 高光】特效

【阴影 / 高光】特效适合校正由强逆光而形成剪影的照片，也可以校正由于太接近相机闪光灯而出现发白的焦点，在其他方式采光的图像中，这种调整也可以使阴影区域变亮。其参数和效果如图 7-76、图 7-77 所示。

图 7-76　特效参数　　　　　　　　　　　　　图 7-77　添加前后对比效果

- 【自动数量】：勾选该复选框，系统将自动对图像进行阴影和高光的调整。该复选框被勾选后，【阴影数量】和【高光数量】将不能使用。
- 【阴影数量】：该选项用于调整图像的阴影数量。
- 【高光数量】：该选项用于调整图像的高光数量。
- 【瞬时平滑（秒）】：该选项用于调整时间轴向滤波。
- 【场景侦测】：勾选该复选框，可设置场景检测。
- 【更多选项】：该选项用于设置特效的参数。
- 【与原始图像混合】：该选项用于设置特效图像与原图像的混合程度。

7.2.24　【照片滤镜】特效

【照片滤镜】特效是通过模拟在相机镜头前面加装彩色滤镜来调整通过镜头传输的光的色彩平衡和色温，或者使胶片曝光，该特效允许选择预设的颜色或者自定义的颜色调整图像的色相，其参数如图 7-78 所示。

- 【滤镜】：可在右侧的下拉列表中选择一个滤镜，选择【冷色滤镜（80）】和【深红】滤镜的效果如图 7-79 所示。

图 7-78　特效参数　　　　　　　　图 7-79　【冷色滤镜（80）】和【深红】效果对比

- 【颜色】：当将【滤镜】设置为【自定义】时，可单击该选项右侧的颜色块，在【拾色器】中设置自定义的滤镜颜色。
- 【密度】：该选项用于设置滤光镜的滤光浓度，该值越高，颜色的调整幅度就越大，如图 7-80 所示。
- 【保持亮度】：勾选该复选框，将对图像中的亮度进行保护，可在添加颜色的同时保持原图像的明暗关系。

图 7-80　不同密度的效果

■ 7.2.25　【自动对比度】特效

【自动对比度】特效将对图像的自动对比度进行调整。如果图像值和自动对比度的值相近，应用该特效后图像变化效果较小，其参数和效果如图 7-81、图 7-82 所示。

图 7-81　特效参数

图 7-82　添加前后对比效果

- 【瞬间平滑（秒）】：该选项用于指定一个时间滤波范围，以秒为单位。
- 【场景检测】：该选项用于检测层中图像的图像。
- 【修剪黑色】：该选项用于修剪阴影部分的图像，加深阴影。
- 【修剪变色】：该选项用于修剪高光部分的图像，提高高光亮度。
- 【与原始图像混合】：该选项用于设置特效图像与原图像间的混合比例。

■ 7.2.26　【自动色阶】特效

【自动色阶】特效对图像进行自动色阶的调整，如果图像值和自动色阶的值相近，应用该特效后的图像变化效果较小，该特效的各项参数含义与自动色彩的参数含义相似，不再赘述，其参数效果如图 7-83、图 7-84 所示。

图 7-83　特效参数

图 7-84　添加前后对比效果

■ 7.2.27　【自动颜色】特效

【自动颜色】特效与【自动对比度】特效类似，只是比【自动对比度】特效多了个【对齐中性中间调】选项，其参数和效果如图 7-85、图 7-86 所示。

图 7-85　特效参数　　　　　　　　图 7-86　添加前后对比效果

● 【对齐中性中间调】：该选项用于识别并自动调整中间颜色影调。

■ 7.2.28　【自然饱和度】特效

【自然饱和度】特效用于调整饱和度，以便在图像颜色接近最大饱和度时，最大限度地减少修剪，其参数和效果如图 7-87、图 7-88 所示。

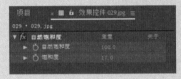

图 7-87　特效参数　　　　　　　　图 7-88　添加前后对比效果

● 【自然饱和度】该选项用于设置颜色的饱和度轻微变化效果。数值越大，饱和度越高，反之饱和度越小。
● 【饱和度】：该选项用于设置颜色浓烈的饱和度差异效果。数值越大，饱和度越高，反之饱和度越小。

■ 7.2.29　【Lumetri 颜色】特效

【Lumetri 颜色】特效可以用具有创意的全新方式按序列调整颜色、对比度和光照。编辑和颜色分级可配合工作，这样，就可在编辑和分级任务之间自由移动，而无须导出或启动单独的分级应用程序，其参数和效果如图 7-89、图 7-90 所示。

Lumetri 颜色效果与 Premiere Pro 中的颜色面板相同。

图 7-89　特效参数　　　　　　　　图 7-90　添加前后对比效果

自己练

项目练习 1：制作暖光效果

效果展示：见图 7-91

图 7-91　制作暖光效果

操作要领：

(1) 新建合成文件，导入素材文件。

(2) 设置【灰度系数 / 增值 / 增益】参数。

(3) 设置【曝光度】参数。

项目练习 2：更换背景风格

效果展示：见图 7-92

图 7-92　更换背景风格

操作要领：

(1) 添加素材图片并复制图层。

(2) 在图层上设置【色阶】效果。

(3) 设置图层【不透明度】的关键帧动画。

CHAPTER 08

抠取图像——唱响中国宣传片

本章概述 SUMMARY

　　在影视制作中，抠像是通过利用一定的特效技术，对素材进行整合的一种手段，在 AE 中专门提供了抠像特效，本章将对其进行详细介绍。

■ 基础知识

差值遮罩　　　　　　　亮度键

■ 重点知识

线性颜色键　　　　　　颜色键

■ 提高知识

内部 / 外部键　　　　　溢出抑制

案例预览

宣传片效果

更换天空背景

黑夜蝙蝠动画

【入门必练】唱响中国宣传片

本案例讲解如何创建唱响中国宣传片，宣传片效果如图 8-1 所示。具体操作步骤如下。

图 8-1　宣传片效果

01 新建一个项目，在【项目】面板中单击【新建合成】按钮，在弹出的【合成设置】对话框中将【合成名称】设置为【人物 1】，将【宽度】【高度】分别设置为 1920、1080，将【像素长宽比】设置为【方形像素】，将【帧速率】设置为 29.97，将【持续时间】设置为 0:00:04:14，将【背景颜色】的 RGB 值设置为 0、0、0，单击【确定】按钮，如图 8-2 所示。

02 在【项目】面板中双击鼠标，在弹出的【导入文件】对话框中选择随书配备资源中的素材文件，单击【导入】按钮，如图 8-3 所示。

图 8-2　设置合成参数

图 8-3　选择素材文件

03 在【项目】面板中选择新导入的素材文件，按住鼠标将其拖曳至【新建文件夹】按钮▧上，命名为【素材】，如图 8-4 所示。

04 在【项目】面板中选择【视频 01】素材文件，按住鼠标将其拖曳至【时间轴】面板中，将【变换】下的【位置】设置为 885、552.7，将【缩放】设置为 71，将【不透明度】设置为 66，如图 8-5 所示。

05 在【效果和预设】面板中，为【视频 01】添加【线性颜色键】效果，在【时间轴】面板中将【主色】的 RGB 值设置为 251、255、250，将【匹配容差】与【匹配柔和度】分别设置为 53、0，如图 8-6 所示。

> **提示一下**
>
> 　　【线性颜色键】特效可以根据 RGB 色彩信息或色相及饱和度信息与指定的键控色进行比较。

图 8-4 新建文件夹   图 8-5 设置【变换】参数   图 8-6 设置【线性颜色键】参数

06 在【效果和预设】面板中为【视频 01】添加【填充】效果，在【时间轴】面板中将【颜色】的 RGB 值设置为 255、255、255，如图 8-7 所示。

07 在【时间轴】面板中，按 Ctrl+D 组合键对选中的图层进行复制，并将图层 2 命名为【视频 01- 阴】，将【变换】下的【位置】设置为 885、1234.1，单击【缩放】右侧的【约束比例】■按钮，取消缩放约束，将【缩放】设置为 –71、71，将【旋转】设置为 180，将【不透明度】设置为 29，如图 8-8 所示。

08 在【效果和预设】面板中，为【视频 01- 阴影】添加【线性擦除】效果，在【时间轴】面板中，将【过渡完成】设置为 75，将【擦除角度】设置为 180，将【羽化】设置为 203，如图 8-9 所示。

图 8-7 设置颜色参数   图 8-8 设置变换参数   图 8-9 设置【线性擦除】参数

09 在【项目】面板中单击【新建合成】按钮■，在弹出的【合成设置】对话框中将【合成名称】设置为【人物 2】，将【宽度】、【高度】分别设置为 1920、1500，单击【确定】按钮，如图 8-10 所示。

10 在【项目】面板中选择【视频 02】，按住鼠标将其拖曳至【时间轴】面板中，将【变换】下的【位置】设置为 785、478，将【不透明度】设置为 75，如图 8-11 所示。

图 8-10 设置合成名称   图 8-11 设置【位置】与【不透明度】参数

⑪ 切换至【人物1】合成中，选择【视频01】下的【效果】，按Ctrl+C组合键进行复制，切换至【人物2】合成中，选择【视频02】，按Ctrl+V组合键进行粘贴，效果如图8-12所示。

⑫ 按Ctrl+D组合键对选中的图层进行复制，并命名为【视频02-倒影.wmv】，将【变换】下的【位置】设置为785、1477，单击【缩放】右侧的【约束比例】❤️按钮，取消缩放约束，将【缩放】设置为-100、100，将【旋转】设置为180，将【不透明度】设置为30，如图8-13所示。

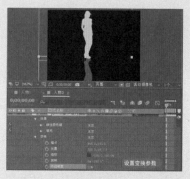

图 8-12　复制粘贴效果　　　　　图 8-13　复制图层并设置【变换】参数

⑬ 选中【视频02-倒影】图层，在【效果和预设】面板中为其添加【线性擦除】效果，将【过渡完成】设置为45，将【擦除角度】设置为180，将【羽化】设置为203，如图8-14所示。

⑭ 使用同样的方法添加【视频03】，并对其进行相应设置，如图8-15所示。

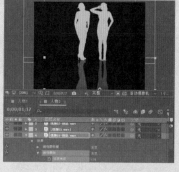

图 8-14　设置【线性擦除】参数　　　　图 8-15　添加视频 03

⑮ 在【项目】面板中单击【新建合成】按钮▣，在弹出的【合成设置】对话框中将【合成名称】设置为【文字1】，将【宽度】【高度】分别设置为1920、325，将【持续时间】设置为0:00:03:25，单击【确定】按钮，如图8-16所示。

⑯ 在工具栏中单击【横排文字工具】按钮Ⅰ，在【合成】面板中绘制一个文本框，输入文字，选中输入的文字，在【字符】面板中将字体设置为Arial，将字体类型设置为Black，将字体大小设置为160，将字符间距设置为-30，将字体颜色设置为白色，如图8-17所示。

图 8-16 设置合成参数

图 8-17 输入文字并进行设置

17 在【时间轴】面板中选中该文字图层,右击鼠标,在弹出的快捷菜单中执行【图层样式】|【渐变叠加】命令,如图 8-18 所示。

18 在【时间轴】面板中单击【渐变叠加】下的【颜色】右侧的【编辑渐变】,在弹出的【渐变编辑器】对话框中将左侧色标的 RGB 值设置为 244、0、0,将右侧色标的位置设置为 57.7,将其 RGB 值设置为 255、228、0,单击【确定】按钮,如图 8-19 所示。

图 8-18 选择【渐变叠加】命令

图 8-19 设置渐变参数

19 在【合成】面板中调整文字位置,效果如图 8-20 所示。

20 继续选中该图层,单击文字图层右侧【动画】右侧的按钮,在弹出的快捷菜单中选择【不透明度】命令,如图 8-21 所示。

图 8-20 调整文字位置

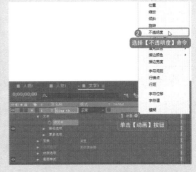
图 8-21 选择【不透明度】命令

21 将当前时间设置为 0:00:00:00,将【动画制作工具 1】下的【不透明度】设置为 0,单击【起始】左侧的【时间变化秒表】按钮,如图 8-22 所示。

22 在【时间轴】面板中将当前时间设置为 0:00:02:00,将【起始】设置为 100,如图 8-23 所示。

图 8-22 设置【不透明度】与【起始】参数　　　　图 8-23 设置【起始】参数

㉓ 选中该图层，按 Ctrl+D 组合键对该图层进行复制，选中第二个图层，按 Delete 键将【图层样式】删除，在【字符】面板中将描边颜色设置为白色，将描边宽度设置为 13，如图 8-24 所示。

㉔ 在工具箱中单击【横排文字工具】Ｔ按钮，在【合成】面板中绘制一个文本框，输入文字，选中输入的文字，在【字符】面板中将字体设置为 Arial，将字体系列设置为 Regular，将字体大小设置为 100，将字符间距设置为 50，将描边粗细设置为 10，将填充颜色的 RGB 值设置为 3、137、6，如图 8-25 所示。

图 8-24 设置描边参数　　　　图 8-25 输入文字并进行设置

> **提示一下**
>
> 如果字体太多，需要逐个挑选，可在字体下拉列表中选择某个字体，此时字体名称会显示蓝色底色。使用键盘上的上下方向键可逐个浏览字体，在【合成】面板中被选中的文字会随之转换为当前所选字体。

㉕ 在【时间轴】面板中将当前时间设置为 0:00:00:00，选择图层 2 下方的【动画制作工具 1】，按 Ctrl+C 组合键进行复制，选择图层 1，按 Ctrl+V 组合键粘贴该动画效果，如图 8-26 所示。

㉖ 使用同样的方法创建其他文字效果，如图 8-27 所示。

㉗ 新建一个【宽度】、【高度】分别为 1920、1080 的【镜头 1】合成，并将其【持续时间】设置为 0:00:04:13，在【项目】面板中选中【人物 1】，按住鼠标将其拖曳至【时间轴】面板中，将【位置】设置为 980.4、342.4，将【缩放】设置为 159，如图 8-28 所示。

28 在【项目】面板中选择【文字1】，按住鼠标将其拖曳至【人物1】图层的上方，单击【文字1】右侧的【3D图层】，将【位置】设置为116、-170、2008，将【缩放】设置为88，将入点时间设置为0:00:00:18，如图8-29所示。

图 8-26　粘贴动画效果

图 8-27　设置其他文字效果

图 8-28　设置【位置】与【缩放】参数

图 8-29　设置【位置】与【缩放】参数

29 在【时间轴】面板中右击鼠标，在弹出的快捷菜单中执行【新建】|【摄像机】命令，如图8-30所示。

30 在弹出的【摄像机设置】对话框中将【胶片大小】设置为36，将【焦距】设置为37.5，勾选【启用景深】与【锁定到缩放】复选框，将【缩放】【视角】【焦距】【光圈】【光圈大小】、【模糊层次】分别设置为705.56、51.28、705.56、10.04、3.7、750，如图8-31所示。

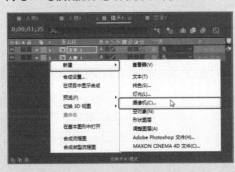
图 8-30　选择【摄像机】命令

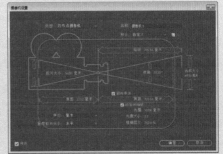
图 8-31　设置【摄像机】参数

提示一下

　　为了更好地控制三维合成的最终视图，需要创建【摄像机】层。通过对其参数进行设置，可以改变摄像机的视角。

㉛ 在【时间轴】面板中将当前时间设置为 0:00:01:22，将【目标点】设置为 0、0、2000，将【位置】设置为 0、0、−10000，单击其左侧的【时间变化秒表】⏱ 按钮，如图 8-32 所示。

㉜ 将当前时间设置为 0:00:02:19，将【位置】设置为 0、0、0，如图 8-33 所示。

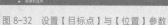

图 8-32　设置【目标点】与【位置】参数　　　　图 8-33　设置【位置】参数

㉝ 在【时间轴】面板中将当前时间设置为 0:00:03:22，单击【目标点】左侧的【时间变化秒表】⏱ 按钮，将【位置】设置为 −642、0、262，如图 8-34 所示。

㉞ 在【时间轴】面板中将当前时间设置为 0:00:04:05，将【目标点】设置为 0、0、4000，将【位置】设置为 −642、0、3000，如图 8-35 所示。

图 8-34　添加【目标点】关键帧并设置【位置】参数　　图 8-35　设置【目标点】与【位置】参数

㉟ 使用相同的方法创建其他镜头效果，如图 8-36 所示。

㊱ 新建一个【宽度】、【高度】分别为 1920、1080 的【唱响中国】合成，将【持续时间】设置为 0:00:13:22，在【项目】面板中选择【背景 01.jpg】素材文件，按住鼠标将其拖曳至【时间轴】面板中，将【变换】下的【位置】设置为 960、187，将【缩放】设置为 245，如图 8-37 所示。

㊲ 在【项目】面板中选择【背景图片 .jpg】素材文件，按住鼠标将其拖曳至背景的上方，将当前时间设置为 0:00:08:25，单击【缩放】右侧【约束比例】【01 图层】🔗 按钮，将【缩放】设置为 161、135，将【不透明度】设置为 5，单击其左侧的【时间变化秒表】⏱ 按钮，如图 8-38 所示。

㊳ 将当前时间设置为 0:00:09:04，将【不透明度】设置为 100，如图 8-39 所示。

39 在【项目】面板中选择【镜头1】【镜头2】【镜头3】【文字4】并依次拖曳至【时间轴】面板中，设置每个图层的入点时间，如图8-40所示。

图8-36 设置其他镜头效果

图8-37 设置【位置】与【缩放】参数

图8-38 设置【缩放】与【不透明度】

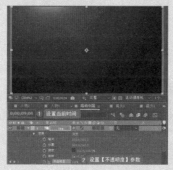

图8-39 设置不透明度

图8-40 添加图层并设置入点时间

40 将当前时间设置为0:00:09:09，选中【文字4】图层，单击其右侧的【3D图层】按钮，将【位置】设置为960、540、4284，将【不透明度】设置为0，单击【位置】与【不透明度】左侧的【时间变化秒表】按钮，如图8-41所示。

41 将当前时间设置为0:00:10:20，将【位置】设置为960、540、−419，将【不透明度】设置为100，如图8-42所示。

42 在【时间轴】面板中将当前时间设置为0:00:10:25，将【位置】参数设置为960、540、0，如图8-43所示。

图8-41 设置【位置】与【不透明度】参数

图8-42 设置【位置】与【不透明度】

图8-43 设置【位置】参数

43 将当前时间设置为 0:00:11:00，在时间轴面板中将【位置】参数设置为 960、540、−161，如图 8-44 所示。

44 将当前时间设置为 0:00:11:05，在时间轴面板中将【位置】参数设置为 960、540、0，如图 8-45 所示。

图 8-44　添加位置关键帧　　　　　　　　　　　图 8-45　再次添加关键帧

45 在【项目】面板中选择【话筒 .png】素材文件，按住鼠标将其拖曳至时间轴面板，并使用相同的方法设置为该图片的动画效果，如图 8-46 所示。

46 在【项目】面板中选择【冲击音乐 .wav】素材文件，按住鼠标将其拖曳至话筒图层的下方，并将其入点时间设置为 0:00:11:28，如图 8-47 所示。

图 8-46　设置话筒的动画效果　　　　　　　　　图 8-47　添加音乐并设置其入点时间

47 在【项目】面板中选择【背景音乐 .mp3】素材文件，按住鼠标将其拖曳至时间轴面板的底层，将当前时间设置为 0:00:12:07，单击【音频电平】左侧的【时间变化秒表】按钮 ，如图 8-48 所示。

48 将当前时间设置为 0:00:13:21，将【音频电平】设置为 −19，如图 8-49 所示。

49 制作完成后，对完成后的场景文件进行保存即可。

图 8-48　添加音频电平关键帧　　　　　　　　　图 8-49　设置音频电平参数

8.1　键控特效 1

【键控】有时也叫叠加或抠像，在影视制作领域是被广泛采用的技术手段，它和蒙版在应用上基本相似，键控主要是将素材中的背景去掉，从而保留场景的主体。

■ 8.1.1　【CC Simple Wire Removal（擦钢丝）】特效

【CC Simple Wire Removal（擦钢丝）】特效是利用一根线将图像分割，在线的部位产生模糊效果，其参数和效果如图 8-50、图 8-51 所示。

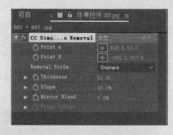  

图 8-50　特效参数　　　　　　　　　　　　　图 8-51　添加前后对比效果

各项参数功能介绍如下。

- 【Point A（点 A）】：该选项用于设置控制点 A 在图像中的位置。
- 【Point B（点 B）】：该选项用于设置控制点 B 在图像中的位置。
- 【Removal Style（移除样式）】：该选项用于设置钢丝的样式。
- 【Thickness（厚度）】：该选项用于设置线的厚度。
- 【Slope（倾斜）】：该选项用于设置钢丝的倾斜角度。

【Mirror Blend（镜像混合）】：该选项用于设置线与原图像的混合程度；值越大，越模糊；值越小，越清晰。

- 【Frame Offset（帧偏移）】：当【Removal Style（移除样式）】为 Frame Offset 时，该选项才能使用。

■ 8.1.2　【Keylight（1.2）】特效

【Keylight（1.2）】特效可以通过指定颜色对图像进行抠除，其参数和效果如图 8-52、图 8-53 所示。

图 8-52　特效参数　　　　　　　　　　　　　图 8-53　添加前后对比效果

- 【View（视图）】：可在右侧的下拉列表中选择不同的视图。
- 【Screen Color（屏幕颜色）】：该选项用于设置要抠除的颜色。
- 【Screen Gain（屏幕增益）】：该选项用于设置屏幕颜色的饱和度。
- 【Screen Balance（屏幕平衡）】：该选项用于设置屏幕色彩的平衡。
- 【Screen Mask（屏幕蒙版）】：该选项用于调节图像黑白所占的比例及图像的柔和度。
- 【Inside Mask（内侧遮罩）】：该选项用于为图像添加并设置抠像内侧的遮罩属性。
- 【Outside Mask（外侧遮罩）】：该选项用于为图像添加并设置抠像外侧的遮罩属性。
- 【Foreground Color Correction（前景色校正）】：该选项用于设置蒙版影像的色彩属性。
- 【Edge Color Correction（边缘色校正）】：该选项用于校正特效的边缘色。
- 【Source Crops（来源）】：该选项用于设置裁剪影像的属性类型及参数。

■ 8.1.3 【差值遮罩】特效

【差值遮罩】特效通过对差异层与特效层进行颜色对比，将相同颜色的区域抠出，制作出透明的效果，其参数如图 8-54 所示。

- 【视图】：该选项用于选择不同的图像视图。
- 【差值图层】：该选项用于指定与特效层进行比较的差异层。
- 【如果图层大小不同】：该选项用于设置差异层与特效层的对齐方式。
- 【匹配容差】：该选项用于设置颜色对比的范围大小；值越大，包含的颜色信息量就越多。
- 【匹配柔和度】：该选项用于设置颜色的柔化程度。
- 【差值前模糊】：该选项用于设置模糊值。

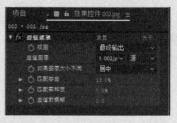

图 8-54 特效参数

■ 8.1.4 【亮度键】特效

【亮度键】特效主要是利用图像中像素的不同亮度进行抠图，主要针对明暗对比度比较大但色相变化不大的图像，其参数和效果如图 8-55、图 8-56 所示。

图 8-55 特效参数

图 8-56 添加前后对比效果

- 【键控类型】：该选项用于指定亮度键类型。【亮部抠出】使比指定亮度值亮的像素透明；【暗部抠出】使比指定亮度值暗的像素透明；【抠出相似区域】使亮度值宽容度范围内的像素透明；【抠出非相似区域】使亮度值宽容度范围外的像素透明。
- 【阈值】：该选项用于指定键出的亮度值。
- 【容差】：该选项用于指定键出亮度的宽容度。
- 【薄化边缘】：该选项用于设置对键出区域边界的调整。
- 【羽化边缘】：该选项用于设置键出区域边界的羽化度。

■ 8.1.5 【内部/外部键】特效

　　【内部/外部键】特效可以通过制定的遮罩来定义内边缘和外边缘，然后根据内外遮罩进行图像差异比较，从而得到一个透明的效果，其参数和效果如图 8-57、图 8-58 所示。

图 8-57　特效参数　　　　　　图 8-58　添加前后对比效果

- 【前景（内部）】：该选项用于为键控特效指定前景遮罩。
- 【其他前景】：对于较为复杂的键控对象，需要为其指定多个遮罩，以进行不同部位的键出。
- 【背景（外部）】：该选项用于为键控特效指定外边缘遮罩。
- 【其他背景】：该选项用于添加更多的背景遮罩。
- 【单个蒙版高光半径】：当使用单一遮罩时，修改该参数可扩展遮罩的范围。
- 【清理前景】：在该参数栏中，可以根据指定的遮罩路径，清除前景色。
- 【清理背景】：在该参数栏中，可以根据指定的遮罩路径，清除背景。
- 【薄化边缘】：该选项用于设置边缘的粗细。
- 【羽化边缘】：该选项用于设置边缘的柔化程度。
- 【边缘阈值】：该选项用于设置边缘颜色的阈值。
- 【反转提取】：勾选该复选框，将设置的提取范围进行反转操作。
- 【与原始图像混合】：该选项用于设置特效图像与原图像间的混合比例，值越大，特效图与原图就越接近。

■ 8.1.6 【提取】特效

　　【提取】特效根据指定的一个亮度范围来产生透明效果，亮度范围的选择基于通道的直方图，对于具有黑色或白色背景的图像，或背景亮度与保留对象之间亮度反差很大的复杂背景图像，使用该滤镜特效效果较好，其参数和效果如图 8-59、图 8-60 所示。

- 【直方图】：该选项用于显示图像亮区、暗区的分布情况和参数值的调整情况。
- 【通道】：该选项用于设置抠像图层的色彩通道，包括【亮度】【红色】【绿色】等 5 种通道。
- 【黑色】：该选项用于设置黑点的范围，小于该值的黑色区域将变成透明。
- 【白色】：该选项用于设置白点的范围，小于该值的白色区域将变成透明。
- 【黑色柔和度】：该选项用于调节暗色区域柔和程度。
- 【白色柔和度】：该选项用于调节亮色区域柔和程度。
- 【反转】：勾选该复选框后，可反转蒙版。

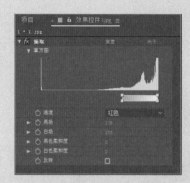

图 8-59　特效参数　　　　　图 8-60　添加前后对比效果

8.2　键控特效 2

8.2.1　【线性颜色键】特效

【线性颜色键】特效可以根据 RGB 色彩信息或色相及饱和度信息与指定的键控色进行比较，其参数和效果如图 8-61、图 8-62 所示。

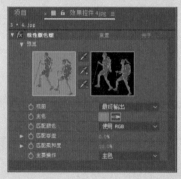

图 8-61　特效参数　　　　　图 8-62　添加前后对比效果

- 【预览】：该选项用于显示素材视图和键控预览效果图。
  - ↖ 素材视图：该选项用于显示素材原图。
  - ↖ 预览视图：该选项用于显示键控效果。
  - ↖ 【键控滴管】：该选项用于在素材视图中选择键控色。
  - ↖ 【加滴管】：该选项用于增加键控色的颜色范围。
  - ↖ 【减滴管】：该选项用于减少键控色的颜色范围。
- 【视图】：该选项用于设置视图的查看效果。
- 【主色】：该选项用于设置需要设为透明色的颜色。
- 【匹配颜色】：该选项用于设置抠像的色彩空间模式，可在右侧的下拉列表中选择【使用 RGB】【使用色调】【使用色度】3 种模式。
- 【匹配容差】：该选项用于设置透明颜色的容差度，较低的数值产生透明较少，较高的数值产生透明较多。
- 【匹配柔和度】：该选项用于调节透明区域与不透明区域之间的柔和度。
- 【主要操作】：该选项用于设置键控色是键出还是保留原色。

■ 8.2.2 【颜色差值键】特效

【颜色差值键】特效是将指定的颜色划分为 A、B 两个部分实现抠像操作，蒙版 A 是指定键控色之外的其他颜色区域透明，蒙版 B 是指定的键控颜色区域透明，将两个蒙版透明区域进行组合得到第 3 个蒙版的透明区域，这个新的透明区域就是最终的 Alpha 通道。其参数和效果如图 8-63、图 8-64 所示。

图 8-63　特效参数　　　　　　　　　　　　图 8-64　添加前后对比效果

- 【预览】：该选项用于预演素材视图和遮罩视图。素材视图用于显示源素材画面缩略图，遮罩视图用于显示调整的遮罩情况。单击下面的按钮 A、B、α 分别用于查看【遮罩 A】【遮罩 B】【Alpha 遮罩】。
- 【视图】：该选项用于设置图像在合成面板中的显示模式，在右侧的下拉列表中提供了 9 种查看模式。
- 【主色】：该选项用于设置需要抠除的颜色，用户可用吸管直接在面板取得，也可通过色块设置颜色。
- 【颜色匹配准确度】：该选项用于设置颜色匹配的精确度。可在右侧的下拉列表中选择【更快】和【更精确】。
- 【黑色区域的 A 部分】：该选项用于设置 A 遮罩的非溢出黑平衡。
- 【白色区域的 A 部分】：该选项用于设置 A 遮罩的非溢出白平衡。
- 【A 部分的灰度系数】：该选项用于设置 A 遮罩的伽马校正值。
- 【黑色区域外的 A 部分】：该选项用于设置 A 遮罩的溢出黑平衡。
- 【白色区域外的 A 部分】：该选项用于设置 A 遮罩的溢出白平衡。
- 【黑色部分 B】：设置 B 遮罩的非溢出黑平衡。
- 【白色区域的 B 部分】：该选项用于设置 B 遮罩的非溢出白平衡。
- 【B 部分的灰度系数】：该选项用于设置 B 遮罩的伽马校正值。
- 【黑色区域外的 B 部分】：该选项用于设置 B 遮罩的溢出黑平衡。
- 【黑色区域外的 B 部分】：该选项用于设置 B 遮罩的溢出白平衡。
- 【黑色遮罩】：该选项用于设置 Alpha 遮罩的非溢出黑平衡。
- 【白色遮罩】：该选项用于设置 Alpha 遮罩的非溢出白平衡。
- 【遮罩灰度系数】：该选项用于设置 Alpha 遮罩的伽马校正值。

■ 8.2.3 【颜色范围】特效

【颜色范围】特效通过键出指定的颜色范围产生透明效果，可以应用的色彩空间包括

Lab、YUV 和 RGB，这种键控方式可以应用在背景包含多个颜色、背景亮度不均和包含相同颜色的阴影，这个新的透明区域就是最终的 Alpha 通道，其参数和效果如图 8-65、图 8-66 所示。

图 8-65　特效参数

图 8-66　添加前后对比效果

- 【键控滴管】：该工具可从蒙版缩略图中吸取键控色，用于在遮罩视图中选择开始键控颜色。
- 【加滴管】：该工具可增加键控色的颜色范围。
- 【减滴管】：该工具可减少键控色的颜色范围。
- 【模糊】：该选项用于调整边缘柔化度。
- 【色彩空间】：该选项用于设置键控颜色范围的颜色空间，包括 Lab、YUV 和 RGB 3 种方式。
- 【最小】/【最大】：该选项用于对颜色范围的开始和结束颜色进行精细调整，精确调整颜色空间参数，（L，Y，R）、（a，U，G）和（b，V，B）代表颜色空间的 3 个分量。

■ 8.2.4　【颜色键】特效

　　【颜色键】特效可以将素材的某种颜色及其相似的颜色范围设置为透明，还可以对素材进行边缘预留设置，这是一种比较初级的键控特效，如果要处理的图像背景复杂，不适合使用该特效。其参数如图 8-67 所示。

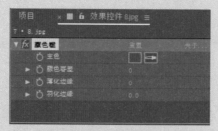

图 8-67　特效参数

- 【主色】：该选项用于设置透明的颜色值，可通过单击右侧的色块或用吸管工具设置其颜色，效果如图 8-68 所示。
- 【颜色容差】：该选项用于设置键出色彩的容差范围。容差范围越大，就有越多与指定颜色相近的颜色被键出；容差范围越小，则被键出的颜色越少。当该值设置为 30 时的效果如图 8-69 所示。

图 8-68 提取设置透明的颜色

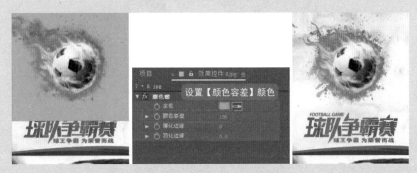

图 8-69 设置【颜色容差】的前后效果

- 【薄化边缘】：该选项用于对键出区域边界进行调整。
- 【羽化边缘】：该选项用于设置抠像蒙版边缘的虚化程度，数值越大，与背景的融合效果越紧密。

8.2.5 【溢出抑制】特效

【溢出抑制】特效可以去除键控后图像残留的键控痕迹，可以将素材的颜色替换成另外一种颜色，其参数和效果如图 8-70、图 8-71 所示。

图 8-70 特效参数

图 8-71 添加前后对比效果

- 【要抑制的颜色】：该选项用于设置需要抑制的颜色。
- 【抑制】：该选项用于设置抑制程度。

自己练

项目练习 1：更换天空背景

效果展示：见图 8-72

图 8-72　更换天空背景

操作要领：

(1) 添加素材图片。

(2) 在【图层】面板上使用【Roto 笔刷工具】绘制选区。

(3) 抠取天空图像将底层的天空图层显示出来。

项目练习 2：黑夜蝙蝠动画

效果展示：见图 8-73

图 8-73　黑夜蝙蝠动画

操作要领：

(1) 添加素材图片。

(2) 在视频层上使用【颜色键】效果。

(3) 设置【颜色键】效果参数，合成视频与图片。

CHAPTER 09

仿真特效——下雨效果

本章概述 SUMMARY

　　本章节主要介绍如何利用仿真特效的制作，其中包括下雨、下雪、泡泡、泡沫特效等。

■ 基础知识
CC Rainfall（CC 下雨特效） 　　　CC Snowfall（CC 下雪特效）

■ 重点知识
卡片动画特效 　　　　　碎片特效

■ 提高知识
制作气泡效果 　　　　　制作粒子运动效果

案例预览

暴雨效果图

制作气泡效果 　　　　　　　制作粒子运动效果

【入门必练】制作雷雨效果

本案例讲解如何制作雷雨动画效果，如图 9-1 所示，具体操作步骤如下：

图 9-1　雷雨效果图

01 新建一个项目，在【项目】面板中单击【新建合成】按钮，在弹出的【合成设置】对话框中，将【合成名称】设置为【雷雨】，将【宽度】【高度】分别设置为 1024、768，将【像素长宽比】设置为【方形像素】，将【帧速率】设置为 25，将【持续时间】设置为 0:00:05:00，单击【确定】按钮，如图 9-2 所示。

02 在【项目】面板中双击鼠标，在弹出的【导入文件】对话框中选择随书配备资源中的素材文件，单击【导入】按钮，如图 9-3 所示。

图 9-2　设置合成参数　　　　　　　　　图 9-3　选择素材文件

03 在【项目】面板中选择【雷雨背景】素材文件，按住鼠标将其拖曳至【时间轴】面板中，将当前时间设置为 0:00:00:00，将【位置】设置为 508、384，单击其左侧的【时间变化秒表】按钮，将【缩放】设置为 44，按 Shift+F9 组合键将关键帧转换为缓入，如图 9-4 所示。

04 将当前时间设置为 0:00:04:24，将【位置】设置为 631、384，按 F9 键将关键帧转换为缓动，如图 9-5 所示。

05 在【时间轴】面板中右击鼠标，在弹出的快捷菜单中执行【新建】|【纯色】命令，如图 9-6 所示。

06 在弹出的【纯色设置】对话框中将【名称】设置为【云】，将【颜色】的 RGB 值设置为 0、0、0，单击【确定】按钮如图 9-7 所示。

图 9-4 设置【位置】与【缩放】参数

图 9-5 设置【位置】参数

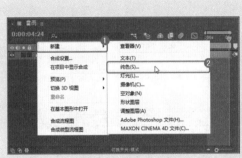

图 9-6 选择【纯色】命令

图 9-7 设置【纯色】参数

07 在工具栏中单击【钢笔工具】 ，在【合成】面板中绘制一个蒙版，在【时间轴】面板中将【蒙版羽化】设置为 95，将【蒙版扩展】设置为 60，如图 9-8 所示。

08 在【效果和预设】面板中为【云】图层添加【分形杂色】效果，将当前时间设置为 0:00:00:00，在【时间轴】面板中将【杂色类型】设置为【线性】，将【亮度】设置为 –18，单击【演化】左侧的【时间变化秒表】 按钮，如图 9-9 所示。

图 9-8 绘制蒙版

图 9-9 设置分形杂色参数

09 将当前时间设置为 0:00:04:24，将【演化】设置为 790，如图 9-10 所示。

10 在【效果和预设】面板中为其添加【快速模糊（旧版）】效果，将【模糊度】

设置为10，将【模糊方向】设置为【水平和垂直】，将【重复边缘像素】设置为【开】，如图9-11所示。

图9-10　设置【演化】参数

图9-11　设置【快速模糊】参数

⑪　为【云】图层添加【边角定位】效果，将【左上】设置为 –298.7、0，将【右上】设置为1342.6、0，将【左下】设置为0、524，将【右下】设置为1024、524，如图9-12所示。

⑫　为【云】图层添加 CC Toner 效果，将 Midtones 的 RGB 值设置为67、89、109，如图9-13所示。

图9-12　设置【边角定位】参数

图9-13　设置【Midtones】参数

⑬　继续选中【云】图层，在【时间轴】面板中将该图层的混合模式设置为【屏幕】，如图9-14所示。

⑭　新建一个【雨】纯色图层，为其添加 CC Rainfall，在【时间轴】面板中将 Size 设置为6，将 Wind、Variation%（Wind）分别设置为870、38，将 Opacity 设置为50，将图层的混合模式设置为【屏幕】，如图9-15所示。

⑮　新建一个【闪电】纯色图层，将入点时间设置为0:00:00:10，为其添加【高级闪电】效果，在【时间轴】面板中将当前时间设置为0:00:00:10，将【闪电类型】设置为【随机】，将【源点】设置为375.9、148.9，将【外径】设置为1040、810，单击【外径】左侧的【时间变化秒表】按钮，将【核心半径】与【核心不透明度】分别设置为3、100，单击【核心不透明度】左侧的【时间变化秒表】按钮，将【发光半径】【发光不透明度】分别设置为30、50，单击【发光不透明度】左侧的【时间变化秒表】按钮，将【发光颜色】的 RGB 值设置为42、57、150，将【Alpha 障碍】【分叉】

分别设置为 10、11，将【分形类型】设置为【半线性】，如图 9-16 所示。

⑯ 将当前时间设置为 0:00:01:10，将【外径】设置为 577、532，将【核心不透明度】【发光不透明度】分别设置为 50、0，将图层混合模式设置为【相加】，如图 9-17 所示。

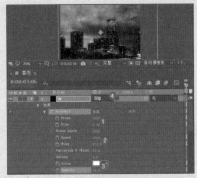

图 9-14　设置图层混合模式　　　　　　　图 9-15　设置下雨效果

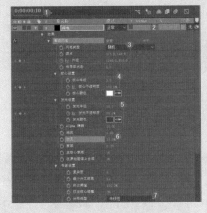

图 9-16　设置高级闪电参数　　　　　　图 9-17　在其他时间设置高级闪电参数

⑰ 继续选中【闪电】图层，将当前时间设置为 0:00:01:01，将其时间滑块结尾处与时间线对齐，如图 9-18 所示。

⑱ 继续选中该图层，按 Ctrl+D 组合键对其进行复制，将复制后的对象命名为【闪电 2】，将其入点时间设置为 0:00:02:00，将当前时间设置为 0:00:02:00，将【闪电类型】设置为【击打】，将【源点】设置为 847.5、148.9，将【方向】设置为 648、519，将【核心不透明度】设置为 75，如图 9-19 所示。

图 9-18　设置时间滑块结尾处　　　　　　图 9-19　复制图层并修改参数

⑲ 在【时间轴】面板中将当前时间设置为 0:00:03:00，将【核心不透明度】设置为 0，如图 9-20 所示。

⑳ 在【时间轴】面板中选择【闪电 2】图层，按 Ctrl+D 组合键对其进行复制，将当前时间设置为 0:00:03:10，将入点时间设置为 0:00:03:10，将【闪电类型】设置为【方向】，将【源点】设置为 460.8、-38，将【方向】设置为 418、504，如图 9-21 所示。

㉑ 在【项目】面板中选择【打雷声音】音频文件，按住鼠标将其拖拽至【闪电 3】图层下方，将入点时间设置为 0:00:01:21，如图 9-22 所示。

图 9-20　设置【核心不透明度】参数

图 9-21　设置高级闪电参数

㉒ 在【项目】面板中选择【下雨声音】音频文件，按住鼠标将其拖曳至【雷雨背景】图层下方，将入点时间设置为 0:00:00:00，如图 9-23 所示。

图 9-22　设置【打雷声音】入点时间

图 9-23　添加【下雨声音】音频

9.1　CC Rainfall(CC 下雨特效)

CC Rainfall（CC 下雨特效）可以模仿真实世界中下雨的效果，其参数效果如图 9-24、图 9-25 所示。

- Drops（数量）：该选项用于设置在相同时间内雨滴的数量。
- Size（大小）：该选项用于设置雨滴的大小。
- Sccne Depth（雨的深度）：该选项用于设置雨的深度。
- Speed（角度）：该选项用于设置下雨时的整体角度。

- Wind（风）：该选项用于设置风的速度
- Variation%（Wind）（变动风能）：该选项用于设置变动风能大小。
- Spread（角度的紊乱）：该选项用于设置雨的旋转角度。
- Color（颜色）：该选项用于设置雨的颜色。
- Opacity（透明度）：该选项用于设置雨的透明度。
- Background Reflection（背景反射）：该选项用于设置背景的反射强度。
- Transfer Mode（传输模式）：该选项用于设置雨的传输模式。
- Composite With Original：取消该单选按钮，则背景不显示。
- Extras（其他）：用于设置其他，包括外观、偏移量等。

图 9-24 特效参数　　　　图 9-25 添加前后对比效果

9.2 CC Snowfall(CC 下雪特效)

CC Snowfall（CC 下雪特效）可以模仿真实世界中的下雪效果，可调整参数控制下雪的大小以及雪花的大小，其参数和效果如图 9-26、图 9-27 所示。

图 9-26 未添加效果　　　　图 9-27 添加雪后的效果

- Flakes（雪片数量）：该选项用于设置雪片的数量。
- Size（大小）：该选项用于设置雪滴的大小。
- Variation%（Size）（雪的变化）：该选项用于设置变动雪的面积。
- Scene Depth（雪的深度）：该选项用于设置雪的深度。
- Speed（角度）：该选项用于设置下雪时的整体角度。
- Variation%（Speed）（速度变化）：该选项用于设置雪的变化速度。
- Wind（风）：该选项用于设置风速。
- Variation%（Wind）（风的变化）：该选项用于设置风的变化速度。
- Spread（角度的紊乱）：该选项用于设置雪的旋转角度。
- Wiggle（蠕动）：该选项用于设置雪的位置。

- Color（颜色）：该选项用于设置雪的颜色。
- Opacity（不透明度）：该选项用于设置雪的不透明度。
- Background Reflection（背景反射）：该选项用于设置背景的反射强度。
- Transfer Mode（传输模式）：该选项用于设置雪的传输模式。
- Composite With Original：取消该单选按钮，则背景不显示。
- Extras（其他）：用于设置其他，包括外观、偏移量等。

9.3 CC Pixel Polly(CC 像素多边形特效)

CC Pixel Polly(CC 像素多边形特效) 主要用于模拟图像炸碎的效果，可通过调整参数产生不同方向和角度的抛射移动动画效果，其参数和效果如图 9-28、图 9-29 所示。

图 9-28　未添加效果　　　　图 9-29　添加特效后的效果

- Force（力）：该选项用于设置爆破力的大小。
- Gravity（重力）：该选项用于设置重力大小。
- Spinning（旋转速度）：该选项用于控制碎片的自旋速度。
- Force Center（力中心）：该选项用于设置爆破的中心位置。
- Direction Randomness（方向的随机性）：该选项用于设置爆破的随机方向。
- Speed Randomness（速度的随机性）：该选项用于设置爆破速度的随机性。
- Grid Spacing（碎片的间距）：该选项用于设置碎片的间距，值越大则间距越大，值越小间距越小。
- Object（显示）：该选项用于设置碎片的显示，包括多边形、纹理多边形、方形等。
- Enable Depth Sort（应用深度排序）：该选项用于避免碎片的自交叉问题。
- Start Time（sec）（开始时间秒）：该选项用于设置爆破的开始时间。

9.4 CC Bubbles(CC 气泡特效)

CC Bubbles(CC 气泡特效) 可以使画面产生梦幻效果，创建该特效时，泡泡会以图像的信息颜色创建不同的泡泡，其参数和效果如图 9-30、图 9-31 所示。

- Bubble Amount（气泡量）：该选项用于设置气泡的数量。
- Bubble Speed（气泡的速度）：该选项用于设置气泡的运动速度。
- Wobble Amplitude（摆动幅度）：该选项用于设置气泡的摆动幅度。

- Wobble Frequency（摆动频率）：该选项用于设置气泡的摆动频率。
- Bubble Size（气泡大小）：该选项用于设置气泡的大小。
- Reflection Type（反射类型）：该选项用于设置泡泡的属性，包括 Liquid(流体) 和 Metal（金属）2 种类型。
- Shading Type（着色方式）：不同的着色对流体和金属泡泡可以产生不同的效果，在很大程度上影响这泡泡的质感。

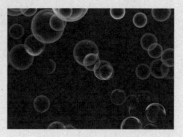

图 9-30　未添加效果　　　　　　　　　　图 9-31　添加特效后的效果

9.5　CC Scatterize(CC 散射特效)

CC Scatterize（CC 散射特效）可以将图像变为很多的小颗粒，并加以旋转，使其产生绚丽多彩的效果，如图 9-32、图 9-33 所示。

图 9-32　未添加特效效果　　　　　　　图 9-33　添加特效后的效果

- Scatter（分散）：该选项用于设置分散的程度。
- Right Twist（右侧旋转）：以图形右侧的开始端开始旋转。
- Left Twist（左侧旋转）：以图形左侧的开始端开始旋转。
- Transfer Mode（传输模式）：可在右侧的下拉列表中选择碎片间的叠加模式。

9.6　CC Star Burst(CC 星爆特效)

CC Star Burst（CC 星爆特效）可以模拟夜晚星空或在宇宙星体间穿行的效果，如图 9-34、图 9-35 所示。

- Scatter（分裂）：该选项用于设置分散的强度，数值越大则分散强度越大，反之越小。
- Speed（速度）：该选项用于设置星体的运动速度。
- Phase（相位）：利用不同的相位，可以设置不同的星体结构。
- Grid Spacing（网格间距）该选项用于调整星体之间的间距，以控制星体的大小和数量。

- Size（大小）：该选项用于设置星体的大小。
- Blend w.Original（混合强度）：该选项用于设置特效与原来图像的混合程度。

图 9-34　未添加特效效果　　　　　　图 9-35　添加特效后的效果

9.7　卡片动画特效

【卡片动画】特效是根据指定层的特征分割画面的三维特效，调整参数使画面产生卡片舞蹈的效果，如图 9-36、图 9-37 所示。

图 9-36　未添加特效效果　　　　　　图 9-37　添加特效后的效果

- 【行数和列数】：可在右侧的下拉列表中选择【独立】和【列数受行数控制】两种方式，其中【独立】选项可单独调整行与列的数值，【列数受行数控制】选项为列的参数跟随行的参数进行变化。
- 【行数】：该选项用于设置行数。
- 【列数】：该选项用于设置列数。
- 【背面图层】：可在右侧的下拉列表中为合成图像中的一个层指定背景层。
- 【渐变图层 1】：可在右侧的下拉列表中为合成图像指定渐变图层。
- 【渐变图层 2】：可在右侧的下拉列表中为合成图像指定渐变图层。
- 【旋转顺序】：可在右侧的下拉列表中选择卡片的旋转顺序。
- 【变换顺序】：可在右侧的下拉列表中指定卡片的变化顺序。
- 【X/Y/Z 轴位置】：该选项组用于控制卡片在 X、Y、Z 轴上的位移变化。
  - 【源】：可在右侧的下拉列表中指定影响卡片的素材特征。
  - 【乘数】：该选项用于为影响卡片的偏移值指定一个乘数，以控制影响效果的强弱。一般情况下，该参数影响卡片间的位置。
  - 【偏移】：该选项用于指定影响卡片的素材特征，设定偏移值。

- 【X/Y/Z 轴旋转】：该选项用于控制卡片在 X、Y、Z 轴上的旋转属性，其控制参数设置与【X/Y/Z 轴位置】基本相同。
- 【X/Y 轴缩放】：该选项用于设置卡片在 X、Y 轴上的比例属性。控制方式同【位置】参数栏相同，控制参数设置与【X/Y/Z 轴位置】相同。
- 【摄像机系统】：该选项用于设置特效中所使用的摄像机系统。
- 【摄像机位置】：该选项用于设置下拉列表选项的参数，可以调整创建效果的空间位置及角度。
- 【边角定位】：该选项用于设置下拉列表选项参数，以调整图片的角度。
- 【灯光】：该选项用于控制特效中所使用的灯光参数。
  - ↘ 【灯光类型】：该选项用于选择特效使用的灯光类型。可在右侧的下拉列表中选择不同的灯光类型，包括【点光源】【远距光】【首选合成照明】【首选合成照明】4 种。
  - ↘ 【照明强度】：该选项用于设置灯光照明的强度大小。
  - ↘ 【照明色】：该选项用于设置灯光的照明颜色。
  - ↘ 【灯光位置】：该选项用于调整灯光的位置，也可直接使用移动工具在【合成】面板中移动灯光的控制点来调整灯光位置。
  - ↘ 【照明纵深】：该选项用于设置灯光在 Z 轴上的深度位置。
  - ↘ 【环境光】：该选项用于设置环境灯光的强度。
- 【材质】：该选项用于设置特效场景中素材的材质属性。
  - ↘ 【漫反射】：该选项用于控制漫反射强度。
  - ↘ 【镜面反射】：该选项用于控制镜面反射强度。
  - ↘ 【高光锐度】：该选项用于调整高光锐化度。

9.8　碎片特效

【碎片】特效可以对图像进行爆炸粉碎处理，使其产生爆炸分散的碎片，通过调整参数来控制其位置、焦点以及半径等，得到想要的效果，如图 9-38、图 9-39 所示。

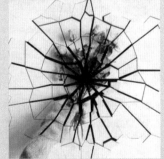

图 9-38　未添加特效效果　　　　　图 9-39　添加特效后的效果

- 【视图】：该选项用于设置查看爆炸效果的方式。
  - ↘ 【渲染】：该选项用于显示特效的最终效果。

- 、 【线框正视图】：该选项以线框方式观察前视图爆炸效果，刷新速度较快。
- 、 【线框】：该选项以线框方式显示爆炸效果。
- 、 【线框正视图＋作用力】：该选项以线框方式观察前视图爆炸效果，并显示爆炸的受力状态。
- 、 【线框＋作用力】：该选项以线框方式显示爆炸效果，并显示爆炸的受力状态。
- ● 【渲染】：该选项只有在将【查看】设置为【渲染】时才会显示其效果，选择该下拉列表中不同的 3 个选项时的效果如图 9-40 所示。

图 9-40 选择不同选项后的效果

- 、 【全部】：该选项用于显示所有爆炸和未爆炸的对象。
- 、 【图层】：该选项用于仅显示未爆炸的层。
- 、 【块】：该选项用于仅显示已爆炸的碎片。
- ● 【形状】：该选项组中的参数主要用来控制爆炸时产生碎片的状态。
- 、 【图案】：该选项用于设置碎片破碎时的形状，可在右侧的下拉列表中选择所需要的碎片形状。
- 、 【自定义碎片图】：当【图案】设置为自定义时，该选项才会出现自定义碎片的效果。
- 、 【白色拼贴已修复】：该选项使用白色平铺的适配功能。
- 、 【重复】：该选项用于设置碎片的重复数量，值越大，产生的碎片越多，当参数为 10 和 20 时的效果如图 9-41、图 9-42 所示。

图 9-41 10 时的效果   图 9-42 20 时的效果

- 、 【方向】：该选项用于设置爆炸的方向。
- 、 【源点】：设置碎片裂纹的开始位置。可直接调节参数，也可在【合成】面板中直接拖动控制点改变位置。
- 、 【凹凸深度】：该选项用于设置爆炸层及碎片的厚度。参数越大，越有立体感，【挤压深度】为 3 和 7 时的效果如图 9-43、图 9-44 所示。

图 9-43 3 时的效果　　　　　　　图 9-44 7 时的效果

- 【作用力 1】：该选项用于为目标图层设置产生爆炸的力。可同时设置两个力场，在默认情况下系统只使用一个力。
  - ↘ 【位置】：该选项用于调整爆炸产生的位置，还可通过其控制点调整。
  - ↘ 【深度】：该选项用于设置力的深度，当深度设置为 -0.3 和 0.3 时的效果如图 9-45、图 9-46 所示。

图 9-45 -0.3 时的效果　　　　　　图 9-46 0.3 时的效果

  - ↘ 【半径】：该选项用于控制力的半径，数值越大，半径越大，目标层的受力面积越大，当力为 0 时不会出现任何变化。
  - ↘ 【强度】：该选项用于控制力的强度。参数越大，强度越大，碎片飞散得越远。当参数为正值时，碎片向外飞散；当参数为 0 时，无法产生飞散爆炸的碎片，但力的半径范围内的部分会受到重力的影响，当参数为负值时，碎片飞散方向与正值时的方向相反。
- 【作用力 2】：该选项组中的参数设置与【作用力 1】选项组中的参数设置基本相同，不再赘述。
- 【渐变】：该选项用于指定一个渐变层，利用该层的渐变来影响爆炸效果。
- 【物理学】：该选项用于对爆炸的旋转隧道、翻滚坐标及重力等进行设置。
  - ↘ 【旋转速度】：该选项用于设置爆炸产生碎片的旋转速度。数值为 0 时，碎片不会翻滚旋转。参数越大，旋转速度越快。
  - ↘ 【倾覆轴】：该选项用于设置爆炸后碎片的翻滚旋转方式。可在右侧的下拉列表中选择不同的滚动轴，该选项默认为【自由】，碎片自由翻滚；当将其设置为【无】，碎片不产生翻滚；选择其他方式，则将碎片锁定在相应的轴上进行翻滚。
  - ↘ 【随机性】：该选项用于设置碎片飞散的随机值。较大的值可产生不规则的、凌乱的碎片飞散效果。

- 【粘性】：该选项用于设置碎片的黏度。参数较大会使碎片聚集在一起。
- 【大规模方差】：该选项用于设置爆炸碎片集中的百分比。
- 【重力】：该选项用于为爆炸设置一个重力，模拟自然界中的重力效果。
- 【重力方向】：该选项用于设置重力方向。
- 【重力倾斜】：该选项用于为重力设置一个倾斜度。
- 【纹理】：该选项用于设置碎片的颜色、纹理贴图等。
  - 【颜色】：该选项用于设置碎片的颜色。
  - 【不透明度】：该选项用于设置颜色的不透明度。
  - 【正面模式 / 侧面模式 / 背面模式】：该选项用于设置爆炸碎片前面、侧面、背面的模式。
  - 【背面图层】：该选项用于为爆炸碎片的背面设置层。
  - 【摄像机系统】：该选项用于设置特效中的摄像机系统。
- 【摄像机位置】：将【摄像机系统】设置为【摄像机位置】方式后。
  - 【X、Y、Z 轴旋转】：该选项用于设置摄像机在 X、Y、Z 轴上的旋转角度。
  - 【X、Y、Z 位置】：该选项用于设置摄像机在三维空间中的位置属性。
  - 【焦距】：该选项用于设置摄像机的焦距。
  - 【变换顺序】：该选项用于设置摄像机的变换顺序。
- 【角度定位】：将【摄像机系统】设置为【角度】方式后，该参数将被激活，可对其进行设置。
  - 【角度】：该选项在层的 4 个角上定义了 4 个控制点，可以调整 4 个控制点来改变层的形状。
  - 【自动焦距】：勾选该复选框，将可自动控制焦距。
  - 【焦距】：该选项用于控制焦距。
- 【灯光】：该参数项用于设置特效中使用的灯光参数。
  - 【灯光类型】：可在右侧的下拉列表中选择灯光类型。包括【点光源】，【远距光】【首选合成灯光】3 种类型。
  - 【灯光强度】：该选项用于设置灯光的照明强度。
  - 【灯光颜色】：该选项用于设置灯光的照明颜色。
  - 【灯光位置】：该选项用于调整灯光的位置。可在【合成】面板中直接拖动灯光的控制点改变其位置。
  - 【灯光深度】：该选项用于设置灯光在 Z 轴上的深度位置。
  - 【环境光】：该选项用于设置环境灯光的强度。
- 【材质】：该参数项用于设置特效中素材的材质属性。
  - 【漫反射】：该选项用于设置漫反射的强度。
  - 【镜面反射】：该选项用于控制镜面反射的强度。
  - 【高光锐度】：该选项用于控制高光的锐化程度。

9.9　焦散特效

　　【焦散】特效可以用来模仿大自然的折射和反射效果，以达到想要的结果，如图 9-47、图 9-48 所示。

图 9-47 未添加特效效果   图 9-48 添加特效后的效果

● 【底部】：该参数项用于设置应用【焦散】特效的底层，如图 9-49 所示。

　　ヽ 【底部】：可在右侧的下拉列表中指定一个层为底层，即水下图层，默认情况下
　　　　底层为当前图层。

　　ヽ 【缩放】：该选项用于设置底层的缩放，当参数为 1 时，底层为原始大小。当参
　　　　数大于 1 或小于 1 时，底层会随之放大或缩小，当设置的数值为负数时，图层将
　　　　进行反转，效果如图 9-50 所示。

 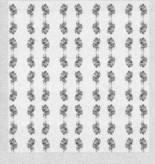

图 9-49 【底部】参数   图 9-50 当缩放为负数的效果

　　ヽ 【重复模式】：缩小底层后，可在右侧的下拉列表中选择如何处理底层中的空白
　　　　区域。其中【一次】模式将空白区域透明，只显示缩小后的底层；【平铺】模式
　　　　重复底层；【反射】模式可反射底层。

　　ヽ 【如果图层大小不同】：在【底部】中指定其他层作为底层时，有可能其尺寸与
　　　　当前层不同。此时，可在【如果图层大小不同】中选择【缩放至全屏】选项，使
　　　　底层与当前层尺寸相同。如果选择【中央】，则底层尺寸不变，且与当前层居中
　　　　对齐。

　　ヽ 【模糊】：该选项用于对复制出的效果进行模糊处理。

● 【水】：该选项组用于指定一个层，以指定层的明度为参考，产生水波纹理。

　　ヽ 【水面】可在下拉列表中指定合成中的一个层作为水波纹理，效果如图 9-51 所示。

　　ヽ 【波形高度】：该选项用于设置波纹的高度。

　　ヽ 【平滑】：该选项用于设置波纹的平滑程度。数值越高，波纹越平滑，但是效果
　　　　也更弱。当将该值设置为 20 时的效果如图 9-52 所示。

　　ヽ 【水深】：该选项用于设置所产生波纹的深度。

　　ヽ 【折射率】：该选项用于控制水波的折射率。

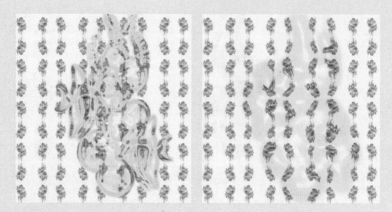

图 9-51 设置水纹　　　　　　　　图 9-52 设置水的平滑度

- 、　【表面色】：该选项用于设置波纹颜色。
- 、　【表面不透明度】：该选项用于设置水波表面的透明度，将其参数设置为 1 时的效果如图 9-53 所示。
- 、　【焦散强度】：该选项用于控制聚光的强度。数值越高，聚光强度越大，当焦散强度设置为 1 时的效果如图 9-54 所示。
- ●　【天空】：该参数项用于为水波指定一个天空反射层，控制水波对水面外场景的反射效果。
- 、　【天空】：可在右侧下拉列表中选择一个层作为天空反射层。

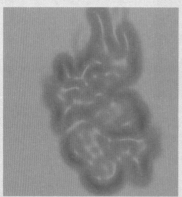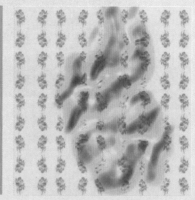

图 9-53 设置不透明度　　　　　　图 9-54 设置焦散强度

- 、　【缩放】：该选项用于设置天空层的缩放，如图 9-55 所示。
- 、　【重复模式】：可在右侧的下拉列表中选择缩小后天空层空白区域的填充方式。
- 、　【如果图层大小不同】：该选项用于设置天空层与当前层尺寸不同时的处理方式。
- 、　【强度】：该选项用于设置天空层的强度，参数值越大效果越明显，该参数值为 0.7 时的效果如图 9-56 所示。
- 、　【融合】：该选项用于对反射边缘进行处理，参数值越大，边缘越复杂。
- ●　【灯光】：该参数项用于设置特效中灯光的各项参数。
- 、　【灯光类型】：可在右侧的下拉列表中选择灯光类型。包括【点光源】【远光源】【首选合成灯光】3 种。
- 、　【灯光强度】：该选项用于设置灯光照明的强度。

ˋ 【照明色】：该选项用于设置灯光照明的颜色，可通过单击右侧的颜色框或使用吸管工具来设置照明的颜色，当照明色的 RGB 值为 255、0、0 时的效果如图 9-57 所示。

ˋ 【灯光位置】：该选项用于调整灯光的位置。也可直接使用移动工具在【合成】面板中移动灯光的控制点，调整灯光位置。

ˋ 【灯光高度】：该选项用于设置灯光高度。

ˋ 【环境光】：该选项用于设置环境光强度，当环境光设为 2 时的效果如图 9-58 所示。

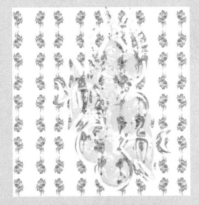 

图 9-55　设置缩放后的效果　　　　　　图 9-56　设置强度为 0.7 时的效果

图 9-57　设置照明色后的效果　　　　　　图 9-58　环境光设为 2 时的效果

● 【材质】：该参数项用于设置特效场景中素材的材质属性。

ˋ 【漫反射】：该选项用于设置漫反射强度。

ˋ 【镜面反射】：该选项用于设置镜面反射强度。

ˋ 【高光锐度】：该选项用于设置高光锐化度。

9.10　泡沫特效

【泡沫】特效可以产生泡沫或泡泡的特效，可对其进行设置达到想要的效果，如图 9-59、图 9-60 所示。

图 9-59　未添加特效的效果

图 9-60　添加特效后的效果

- 【视图】：该选项用于设置气泡效果的显示方式，在下拉列表中选择【草图】和【已渲染】命令时的效果如图 9-61、图 9-62 所示。

图 9-61　【草图】时效果

图 9-62　【已渲染】后的效果

- 　、　【草图】：该选项以草图模式渲染气泡效果，不能看到气泡的最终效果，但可预览气泡的运动方式和设置状态，且使用该方式计算速度快。
- 　、　【草图+流动映射】：该选项为特效指定了影响通道后，可看到指定的影像对象。
- 　、　【已渲染】：该选项用于预览气泡的最终效果，但是计算速度相对较慢。
- 【制作者】：该参数项用于设置气泡的粒子发射器。
- 　、　【产生点】：该选项用于设置发射器的位置，可通过参数或控制点进行调整。
- 　、　【产生 X、Y 大小】：该选项用于设置发射器的大小。
- 　、　【产生方向】：该选项用于设置泡泡产生的方向。
- 　、　【缩放产生点】：该选项用于设置缩放发射器位置。不选择该项，系统会以发射器效果点为中心缩放发射器。
- 　、　【生成速率】：该选项用于设置发射速度。数值越高，发射速度越快，在相同时间内产生的气泡粒子也较多。当数值为 0 时，不发射粒子。
- 【气泡】：该参数项用于对气泡粒子的尺寸、生命、强度等进行设置。

- ﹅ 【大小】：该选项用于调整产生气泡的尺寸大小，数值越大则气泡越大，反之越小。
- ﹅ 【大小差异】：该选项用于控制粒子的大小差异。数值越大，每个粒子的大小差异越大。数值为 0 时，每个粒子的最终大小都是相同的。
- ﹅ 【生命】：该选项用于设置每个粒子的生命值。每个粒子在发射产生后，最终都会消失。所谓生命值，即是粒子从产生到消失之间的时间。
- ﹅ 【气泡增长速度】：该选项用于设置每个粒子生长的速度，即粒子从产生到最终大小的时间。
- ﹅ 【强度】：该选项用于调整产生泡沫的数量，数值越大，产生泡沫的数量越多。
- ● 【物理学】：该选项用于设置粒子的运动效果。
  - ﹅ 【初始速度】：该选项用于设置泡沫特效的初始速度。
  - ﹅ 【初始方向】：该选项用于设置泡沫特效的初始方向。
  - ﹅ 【风速】：该选项用于设置影响粒子的风速。
  - ﹅ 【风向】：该选项用于设置风的方向。
  - ﹅ 【湍流】：该选项用于设置粒子的混乱度。数值越大，粒子运动越混乱；数值越小，粒子运动越有序和集中。
  - ﹅ 【摇摆量】：该选项用于设置粒子的晃动强度。参数较大时，粒子会产生摇摆变形。
  - ﹅ 【排斥力】：该选项用于在粒子间产生排斥力。参数越大，粒子间的排斥性越强。
  - ﹅ 【弹跳速率】：该选项用于设置粒子的总速率。
  - ﹅ 【粘度】：该选项用于设置粒子间的粘性。参数越小，粒子越密。
  - ﹅ 【粘性】：该选项用于设置粒子间的粘着性。参数越小，粒子堆砌得越紧密。
- ● 【缩放】：该选项用于调整粒子大小。
- ● 【综合大小】：该选项用于设置粒子效果的综合尺寸。在【草图】和【草图+流动映射】方式下可看到综合尺寸范围框。
- ● 【正在渲染】：该参数项用于设置粒子的渲染属性。
  - ﹅ 【混合模式】：该选项用于设置粒子间的融合模式。包括【透明】【旧实体在上】【新实体在上】3 种模式。
  - ﹅ 【气泡纹理】：可在下拉列表中选择气泡粒子的纹理方式和不同泡沫材质的效果。
  - ﹅ 【气泡纹理分层】：该选项用于指定合成图像中的一个层作为粒子纹理。该层可以是一个动画层，粒子将使用其动画纹理。
  - ﹅ 【气泡方向】：该选项用于设置气泡的方向。可使用默认的【固定】方式，或【物理定向】【气泡速度】。
  - ﹅ 【环境映射】：该选项用于指定气泡粒子的反射层。
  - ﹅ 【反射强度】：该选项用于设置反射的强度。
  - ﹅ 【反射融合】：该选项用于设置反射的聚焦度。
- ● 【流动映射】：该选项用于设置创建泡沫的流动动画效果。
  - ﹅ 【流动映射】：该选项用于指定影响粒子效果的层。
  - ﹅ 【流动映射黑白对比】：该选项用于设置参考图对粒子的影响效果。
  - ﹅ 【流动映射匹配】：该选项用于设置参考图的大小。包括【总体范围】或【屏幕】。
  - ﹅ 【模拟品质】：该选项用于设置气泡粒子的仿真质量。
- ● 【随机植入】：该选项用于设置气泡粒子的随机种子数。

自己练

项目练习 1：制作气泡效果

效果展示：见图 9-63

图 9-63　制作气泡效果

操作要领：

(1) 添加背景视频。

(2) 新建一个【纯色】图层，为其添加【泡沫】效果，设置参数，并打开 **3D** 图层模式。

(3) 创建一个【摄像机】图层，设置摄像机参数。

项目练习 2：制作粒子运动效果

效果展示：见图 9-64

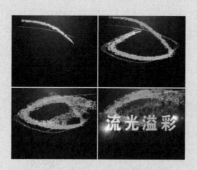

图 9-64　制作粒子运动效果

操作要领：

(1) 创建一个【纯色】图层作为背景，为其添加【梯度渐变】效果。

(2) 创建一个【纯色】图层作为粒子 **1**，为其添加 **CC Particle Systems II**、发光、
CC Vector Blur、【快速模糊（旧版）】效果。

(3) 复制粒子 **1**，并调整效果参数。

(4) 创建一个调整图层，为其添加【曲线】效果，调整颜色。

(5) 创建文字，设置文字逐渐显现效果，并创建一个镜头光晕效果。

CHAPTER 10

After Effects CC 2018
综合案例——
魅力青岛宣传片

本章概述 SUMMARY

　　宣传片是电视、电影的表现手法，是对企业内部的各个层面有重点、有针对、有秩序地进行策划、拍摄、录音、剪辑、配音、配乐、合成输出并制作成片。宣传片从其目的和宣传方式不同的角度来分可以分为企业宣传片，产品宣传片，公益宣传片，电视宣传片、招商宣传片，效果如图 10-1 所示。

■ 重点知识
导入素材　　　创建文字动画　　创建青岛宣传片动画

案例预览

图 10-1　魅力青岛宣传片分镜头效果

10.1 导入素材

在制作青岛宣传片之前需要将素材文件导入到软件中，具体操作步骤如下：

01 按 Alt+Ctrl+N 组合键，新建一个空白项目，在【项目】面板上右击鼠标，在弹出的快捷菜单中选择【新建文件夹】命令，如图 10-2 所示。

02 将新建的文件夹命名为【素材】，在【项目】面板中双击鼠标，在弹出的【导入文件】对话框中选择随书配备资源中的素材文件，单击【导入】按钮，如图 10-3 所示。

03 将素材拖曳至【素材】文件夹中，如图 10-4 所示。

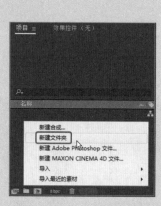

图 10-2 选择【新建文件夹】命令　　图 10-3 选择素材文件　　图 10-4 添加素材文件

10.2 创建视频动画

下面讲解如何创建视频动画，具体操作步骤如下。

01 按 Ctrl+N 组合键，弹出【合成设置】对话框，将【合成名称】设置为【青岛 1】，将【宽度】和【高度】分别设置为 3840、2667，将【帧速率】设置为 30，将【持续时间】设置为 0:00:08:00，将【背景颜色】设置为黑色，单击【确定】按钮，如图 10-5 所示。

02 将【青岛 1.WMV】拖曳至【时间轴】面板中，将【位置】设置为 1896、1330，将【缩放】设置为 246，如图 10-6 所示。

03 单击时间轴左下角的 按钮，将【入】设置为 -0:00:01:21，【出】设置为 0:00:06:08，【持续时间】设置为 0:00:08:00，将当前时间设置为 0:00:06:08，拖动时间滑块调整位置，如图 10-7 所示。

04 按 Ctrl+N 组合键，弹出【合成设置】对话框，将【合成名称】设置为【青岛 2】，将【宽度】和【高度】分别设置为 3840、2160，将【持续时间】设置为 0:00:05:00，单击【确定】按钮，如图 10-8 所示。

图 10-6　设置【位置】和【缩放】参数

图 10-5　新建合成

图 10-7　设置【入】、【出】和【持续时间】参数

图 10-8　新建合成

05 将【青岛 2.WMV】拖曳至【时间轴】面板中，将【位置】设置为 1920、1333.5，将【缩放】设置为 246，单击时间轴左下角的 按钮，将【入】设置为 0:00:00:00，【出】设置为 0:00:04:29，【持续时间】设置为 0:00:05:00，当前时间设置为 0:00:04:29，拖曳时间滑块调整位置，如图 10-9 所示。

06 使用同样的方法，制作【青岛 3~青岛 9】合成文件，如图 10-10 所示。

图 10-9　设置参数

07 在【项目】面板中新建一个文件夹，命名为【青岛】，将【青岛 1~青岛 9】合成文件拖曳至文件夹中，如图 10-11 所示。

图 10-10　制作【青岛 3~青岛 9】合成文件

图 10-11　拖曳文件夹后的效果

10.3 创建过渡动画

下面讲解如何创建过渡动画，具体操作步骤如下。

01 按 Ctrl+N 组合键，弹出【合成设置】对话框，将【名称】设置为【过渡动画1】，将【宽度】和【高度】分别设置为 12500、4500，将【持续时间】设置为 0:00:06:15，【背景颜色】设置为白色，单击【确定】按钮，如图 10-12 所示。

图 10-12 新建合成

02 将【青岛1】合成文件拖曳至【时间轴】面板中，将【入】设置为 0:00:00:00，【出】设置为 0:00:07:29，【持续时间】设置为 0:00:08:00，如图 10-13 所示。

03 开启【运动模糊】和【3d 图层】，将当前时间设置为 0:00:01:09，展开【变换】选项卡，将【位置】设置为 7210、2674、0，单击 按钮，将【缩放】设置为 50、50、100，单击【缩放】左侧的【时间变化秒表】 按钮，如图 10-14 所示。

图 10-13 设置参数

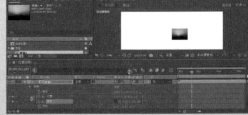

图 10-14 设置【位置】和【缩放】参数

04 将当前时间设置为 0:00:06:14，将【缩放】设置为 59、59、100，如图 10-15 所示。

05 在【效果和预设】面板中搜索【动态拼贴】特效，双击该特效，在【效果】选项组下将【拼贴中心】设置为 1920、1333.5，将当前时间设置为 0:00:01:09，将【输出高度】设置为 400，单击左侧的 按钮，如图 10-16 所示。

图 10-15 设置【缩放】参数

图 10-16 设置【动态拼贴】特效

06 将当前时间设置为 0:00:01:10，将【输出高度】设置为 100，如图 10-17 所示。

07 再次将【青岛 1】合成文件拖曳至【时间轴】面板中，开启【运动模糊】和【3d 图层】，将【位置】设置为 7210、2674、0，将【缩放】设置为 50、50、50，如图 10-18 所示。

08 为合成文件添加【动态拼贴】特效，将【拼贴中心】设置为 1920、1333.5，将当前时间设置为

图 10-17 设置【输出高度】

0:00:01:09，将【输出高度】设置为 600，单击左侧的按钮，如图 10-19 所示。

图 10-18 设置【位置】和【缩放】参数

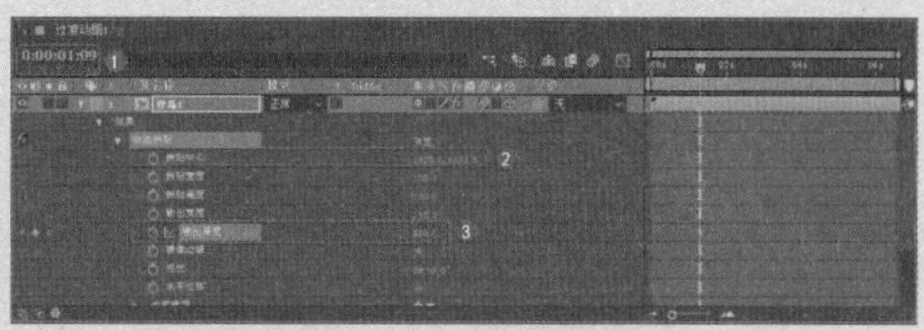

图 10-19 设置【动态拼贴】

09 将当前时间设置为 0:00:01:10，将【输出高度】设置为 100，如图 10-20 所示。

10 将【青岛 3】合成文件拖曳至【时间轴】面板中，将【入】设置为 0:00:01:09，【出】设置为 0:00:09:08，【持续时间】设置为 0:00:08:00，如图 10-21 所示。

图 10-20 设置【输出高度】

图 10-21 设置【入】【出】【持续时间】参数

11 开启【运动模糊】和【3d 图层】，将当前时间设置为 0:00:01:09，将【位置】设置为 7210、1583.5、0，将【缩放】设置为 60、60、100，单击【缩放】左侧的，如图 10-22 所示。

12 将当前时间设置为 0:00:06:14，将【缩放】设置为 50、50、100，如图 10-23 所示。

图 10-22 设置【位置】和【缩放】参数

图 10-23 设置【缩放】参数

13 使用同样的方法，将【青岛 3】和【青岛 2】依次拖曳到【时间轴】面板中，并设置参数，如图 10-24 所示。

图 10-24 设置【青岛 3】【青岛 2】参数

⑭ 在【时间轴】面板空白处单击鼠标右键，在弹出的快捷菜单中执行【新建】|【形状图层】命令，将【入】设置为 0:00:01:09，【出】设置为 0:00:03:16，【持续时间】设置为 0:00:02:08，如图 10-25 所示。

图 10-25　设置【入】【出】【持续时间】参数

⑮ 在【变换】选项组中，将【锚点】设置为 1548、−2，将【位置】设置为 6250.5、2246.5，将【缩放】设置为 62.5、127.8，如图 10-26 所示。

图 10-26　设置【变换】参数

⑯ 单击【矩形工具】，绘制一个矩形，将【矩形路径 1】选项组下方的【大小】设置为 3084、1728，将【描边 1】选项组下方的【描边宽度】设置为 100，如图 10-27 所示。

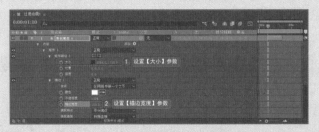

图 10-27　设置矩形的【大小】和【描边宽度】参数

⑰ 将【填充 1】选项组下方的【颜色】设置为 #FC5151，将【变换：矩形 1】选项组下方的【位置】设置为 6、−2，如图 10-28 所示。

⑱ 将【青岛 4】拖曳至【时间轴】面板中，设置参数并复制一层，如图 10-29 所示。

图 10-28　设置【颜色】和【位置】参数　　　　　　　　图 10-29　复制对象

⑲ 设置图层的 TrkMat 模式，如图 10-30 所示。

⑳ 将分辨率设置为【二分之一】，如图 10-31 所示。

㉑ 按 Ctrl+N 组合键，弹出【合成设置】对话框，将【名称】设置为【过渡动画 2】，将【宽度】和【高度】分别设置为 3840、2323，将【分辨率】设置为二分之一，将【持续时间】设置为 0:00:06:15，单击【确定】按钮，如图 10-32 所示。

22 将【青岛 5】拖曳至【时间轴】面板中，开启【运动模糊】和【3d 图层】，将【位置】设置为 964、629.5、0，将【缩放】设置为 50，如图 10-33 所示。

图 10-30　设置 TrkMat 模式　　　　　　　　　　图 10-31　设置分辨率

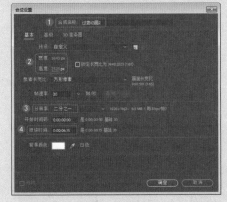

图 10-32　新建合成

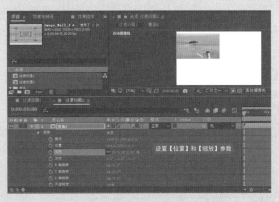

图 10-33　设置【位置】和【缩放】参数

23 在【效果和预设】面板中将【动态拼贴】选项组下的【输出宽度】和【输出高度】设置为 300，【镜像边缘】设置为【开】，如图 10-34 所示。

图 10-34　设置【动态拼贴】特效

10.4　创建文字动画

下面讲解创建文字动画的方法，具体操作步骤如下。

01 按 Ctrl+N 组合键，弹出【合成设置】对话框，将【名称】设置为【文本 01】，将【宽度】和【高度】分别设置为 4500、550，将【分辨率】设置为二分之一，将【持续时间】设置为 0:00:05:00，将【背景颜色】设置为黑色，如图 10-35 所示。

02 使用【横排文字工具】 **T** 输入文本【遇见最美的城市】，将【字体】设置为【Adobe 黑体 Std】，将【字体大小】设置为 68，【行距】设置为 25，【字符间距】设置为

200，如图 10-36 所示。

图 10-35 新建合成　　　　　　　　　　　图 10-36 设置文本字符

03 开启【运动模糊】和【3d图层】，在【变换】选项组中将【锚点】设置为1.6、–24、0，将【位置】设置为2250、275、0，将【缩放】设置为600，如图10-37所示。

04 为文本添加【填充】特效，将【颜色】设置为 #EF6A6A，如图 10-38 所示。

图 10-37 设置【锚点】【位置】和【缩放】参数　　　　图 10-38 设置【填充】

05 展开【文本】|【更多选项】选项组，单击 动画: ◑ 按钮，在弹出的快捷菜单中选择【启用逐字 3D 化】命令，如图 10-39 所示。

06 再次单击 动画: ◑ 按钮，在弹出的快捷菜单中分别选择【位置】【缩放】和【不透明度】命令，将【位置】设置为 –492、0、0，将【缩放】设置为 100、100、74.1，如图 10-40 所示。

图 10-39 选择【启用逐字 3D 化】命令　　　　图 10-40 设置【位置】和【缩放】参数

07 展开【范围选择器 1】|【高级】选项卡，将【单位】设置为【索引】，将【形状】设置为【下斜坡】，将【缓和高】和【缓和低】设置为 0、50，如图 10-41 所示。

08 展开【动画制作工具 1】|【范围选择器 1】选项组，将当前时间设置为 0:00:00:00，将【起始】设置为 7，将【结束】设置为 0，将【偏移】设置为 4，单击【偏移】左侧的 ◑ 按钮，如图 10-42 所示。

图 10-41 设置参数

图 10-42 设置参数

提示一下

每当添加一种控制器时，都会在【动画】属性组中添加一个【范围控制器】选项。

09 在【时间轴】面板右侧选择关键帧，单击鼠标右键，在弹出的快捷菜单中执行【关键帧辅助】|【缓动】命令，将当前时间设置为 0:00:01:16，将【偏移】设置为 -7，如图 10-43 所示。

10 使用同样的方法制作【文本 02】【文本 03】合成文件，如图 10-44 所示。

图 10-43 设置【偏移】参数

图 10-44 制作【文本 02】【文本 03】合成文件

11 按 Ctrl+N 组合键，弹出【合成设置】对话框，将【名称】设置为【文本 04】，将【宽度】和【高度】分别设置为 3500、350，将【分辨率】设置为二分之一，将【持续时间】设置为 0:00:05:00，将【背景颜色】设置为黑色，单击【确定】按钮，如图 10-45 所示。

12 使用【横排文字工具】 输入文本【碧海蓝天】，将【字体】设置为【华文新魏】，将【字体大小】设置为 12，【字符间距】设置为 0，将【颜色】设置为白色，如图 10-46 所示。

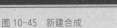

图 10-45 新建合成

图 10-46 设置文本字符

13 开启【运动模糊】和【3d 图层】，在【变换】选项组中将【锚点】设置为 -0.2、-4.2、0，将【位置】设置为 1750、176、0，将【缩放】设置为 2500、2457.6、119.9，如图 10-47 所示。

14 展开【文本】|【更多选项】选项组，单击 动画: 按钮，在弹出的快捷菜单中选择【启用逐字 3D 化】命令，如图 10-48 所示。

图 10-47　设置【锚点】【位置】和【缩放】参数

图 10-48　选择【启用逐字 3D 化】命令

15 再次单击 动画: 按钮，在弹出的快捷菜单中选择【全部变换属性】命令，将【位置】设置为 0、-190、0，如图 10-49 所示。

16 展开【范围选择器 1】|【高级】选项卡，将【形状】设置为【上斜坡】，将【缓和高】和【缓和低】设置为 0、100，【随机排序】设置为【开】，如图 10-50 所示。

图 10-49　设置【位置】参数

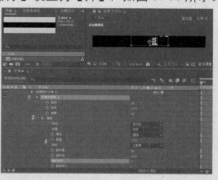

图 10-50　设置参数

> **知识链接**
>
> 【起始】【结束】：设置该控制器的有效起始或结束范围。
>
> 【偏移】：设置有效范围的偏移量。
>
> 【单位】【依据】：控制有效范围内的动画单位。前者以字母为单位；后者以词组为单位。
>
> 【模式】：设置有效范围与原文本之间的交互模式。
>
> 【数量】：设置属性控制文本的程度，值越大影响的程度就越强。
>
> 【形状】：设置有效范围内字符排列的形状模式，包括【矩形】【上倾斜】【三角形】等 6 种形状。
>
> 【平滑度】：设置产生平滑过渡的效果。
>
> 【缓和高】【缓和低】：控制文本动画过渡柔和最高点和最低点的速率。
>
> 【随机顺序】：设置有效范围添加在其他区域的随机性，随着随机数值的变化，有效范围在其他区域的效果也在不断变化。

17 展开【动画制作工具 1】|【范围选择器 1】选项组，将当前时间确定为 0:00:00:00，将【偏移】设置为 -100，单击【偏移】左侧的 按钮，如图 10-51 所示。

18 在【时间轴】面板右侧选择关键帧，单击鼠标右键，在弹出的快捷菜单中执行【关键帧辅助】|【缓动】命令，将当前时间设置为 0:00:01:19，将【偏移】设置为 100，

如图 10-52 所示。

图 10-51 设置【偏移】参数　　　　　　　　图 10-52 设置【偏移】参数

19 再次单击 动画 ▶ 按钮，在弹出的快捷菜单中选择【字符间距】命令，将当前时间设置为 0:00:01:05，将【字符间距大小】设置为 8，单击左侧的 ☉ 按钮，如图 10-53 所示。

20 在【时间轴】面板右侧选择关键帧，单击鼠标右键，在弹出的快捷菜单中执行【关键帧辅助】|【缓动】命令，将当前时间设为 0:00:02:03，将【字符间距大小】设置为 30，如图 10-54 所示。

图 10-53 设置【字符间距大小】

图 10-54 设置【字符间距大小】

21 使用同样的方法制作【文本05】【文本 06】【标题文本】【遇见青岛】合成文件，如图 10-55所示。

图 10-55 制作完成后的效果

10.5　创建青岛宣传片动画

下面讲解创建青岛宣传片的动画，具体操作步骤如下。

01 在【项目】面板中单击【新建合成】 按钮，在弹出的【合成设置】对话框中将【合成名称】设置为【青岛宣传片动画】，将【宽度】【高度】分别设置为3840、2160，将【像素长宽比】设置为【方形像素】，将【帧速率】设置为 30，将【分辨率】设置为【二分之一】，将【持续时间】设置为 0:00:16:00，将【背景颜色】的RGB 值设置为 0、0、0，单击【确定】按钮，如图 10-56 所示。

02 将【过渡动画1】合成文件拖曳至【时间轴】面板中，将【入】设置为 0:00:00:00,【出】设置为 0:00:06:14，【持续时间】设置为 0:00:06:15，如图 10-57 所示。

图 10-56　设置合成

图 10-57　设置【入】【出】【持续时间】参数

03 开启【对于合成图层】❄ 和【3d 图层】⬡按钮，将【锚点】设置为 6250、2250、0，将【位置】设置为 −1859.2、34.7、0，将【缩放】设置为 202，如图 10-58 所示。

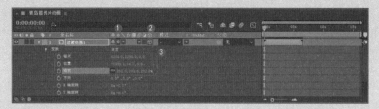

图 10-58　设置【锚点】【位置】【缩放】参数

04 在【时间轴】面板中单击鼠标右键，在弹出的快捷菜单中执行【新建】|【形状图层】命令，将【入】设置为 0:00:00:00,【出】设置为 0:00:03:11,【持续时间】设置为 0:00:03:12，如图 10-59 所示。

图 10-59　设置【入】【出】【持续时间】参数

05 展开【变换】选项卡，将【锚点】设置为 −2、8，将【位置】设置为 74、1063，将【缩放】设置为 90，将【不透明度】设置为 75，如图 10-60 所示。

图 10-60　设置【变换】参数

06 使用【矩形工具】绘制矩形，展开【内容】|【矩形 1】|【矩形路径 1】选项卡，将【大小】设置为 2124、370，如图 10-61 所示。

图 10-61　设置【大小】参数

07 展开【变换：矩形 1】选项卡，将【位置】设置为 -2、8，如图 10-62 所示。

图 10-62　设置【位置】参数

08 为形状图形添加【填充】特效，将【颜色】RGB 值设置为 255、255、255，如图 10-63 所示。

图 10-63　设置【填充】参数

09 将【文本 01】添加至【时间轴】面板中，将当前时间设置为 0:00:03:12，拖动时间滑块的结尾处与时间线对齐，如图 10-64 所示。

图 10-64　调整滑块与时间线对齐

10 开启【对于合成图层】 ✱ 和【3d 图层】 ⬡ 按钮，将【变换】选项组的【位置】设置为 11、11.7、0，将【缩放】设置为 55.6，如图 10-65 所示。

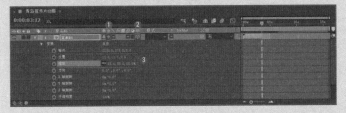

图 10-65　设置【变换】和【缩放】参数

⓫ 为文本对象添加【梯度渐变】特效，将当前时间设置为 0:00:01:07，将【渐变起点】设置为 1632、920，将【起始颜色】设置为 #309BFA，将【渐变终点】设置为 2406.8、1130.6，将【结束颜色】设置为 #00F2FE，将【渐变形状】设置为【径向渐变】，单击【渐变起点】和【渐变终点】左侧的 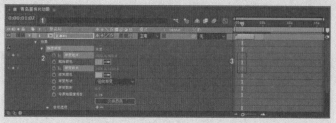 按钮，选择关键帧，按 F9 键将其转换为缓动帧，如图 10-66 所示。

图 10-66　设置【梯度渐变】参数

⓬ 将当前时间设置为 0:00:02:09，将【渐变起点】设置为 2756、1432，将【渐变终点】设置为 3338.8、1642.6，如图 10-67 所示。

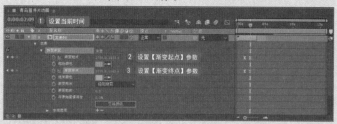

图 10-67　设置【渐变起点】和【渐变终点】参数

⓭ 复制形状图层，将图层移动至【文本 01】上方，将【矩形路径 1】选项组下方的【大小】设置为 2124、453，如图 10-68 所示。

⓮ 在【时间轴】面板中单击鼠标右键，在弹出的快捷菜单中执行【新建】|【纯色】命令，弹出【纯色设置】对话框，将【宽度】和【高度】设置为 100，【单位】设置为【像素】，【像素长宽比】设置为【方形像素】，单击【确定】按钮，如图 10-69 所示。

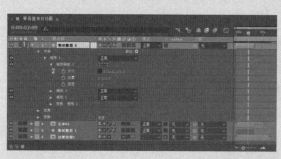

图 10-68　设置【大小】参数

图 10-69　设置【纯色】参数

> **提示一下**
>
> 纯色层是一个单一颜色的静态层，主要用于制作蒙版、添加特效或合成的动态背景。

⓯ 将【入】设置为 0:00:00:00，【出】设置为 0:00:03:11，【持续时间】设置为 0:00:03:12，如图 10-70 所示。

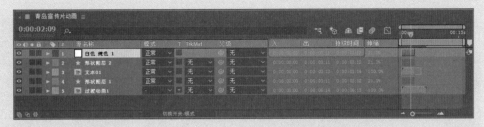

图 10-70 设置【入】【出】【持续时间】参数

⓰ 开启【3d 图层】，将当前时间设置为 0:00:00:00，将【锚点】设置为 50，【位置】设置为 −931、5384、0，单击【位置】左侧的 ⏱ 按钮，如图 10-71 所示。

图 10-71 设置【锚点】和【位置】参数

⓱ 将当前时间设置为 0:00:01:07，将【位置】设置为 −931、−967、0，将【缩放】设置为 100，单击【缩放】左侧的 ⏱ 按钮，如图 10-72 所示。

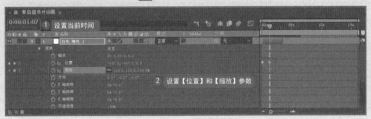

图 10-72 设置【位置】和【缩放】参数

⓲ 将当前时间设置为 0:00:02:15，将【位置】设置为 50，将【缩放】设置为 50，如图 10-73 所示。

图 10-73 设置【位置】和【缩放】参数

⓳ 选择所有帧，按 F9 键将其转换为缓动帧，如图 10-74 所示。

⓴ 在【时间轴】面板中单击鼠标右键，在弹出的快捷菜单中执行【新建】|【纯色】命令，弹出【纯色设置】对话框，将【宽度】和【高度】设置为 3840、2160，【单位】设置为【像素】，【像素长宽比】设置为【方形像素】，单击【确定】按钮，如图 10-75 所示。

图 10-74　缓动帧效果

图 10-75　设置【纯色】参数

㉑ 将【入】设置为 0:00:00:00,【出】设置为 0:00:00:27,【持续时间】设置为 0:00:00:28, 如图 10-76 所示。

图 10-76　设置【入】【出】【持续时间】参数

㉒ 将当前时间设置为 0:00:00:00,【位置】设置为 1920、1080,将【不透明度】设置为 100,单击【不透明度】左侧的　按钮,如图 10-77 所示。

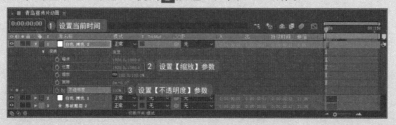

图 10-77　设置【位置】和【不透明度】参数

㉓ 将当前时间设置为 0:00:00:27,将【不透明度】设置为 0,如图 10-78 所示。

㉔ 在【时间轴】面板中单击鼠标右键,在弹出的快捷菜单中执行【新建】|【纯色】命令, 弹出【纯色设置】对话框,将【宽度】和【高度】设置为 100,【单位】设置为【像 素】,将【像素长宽比】设置为【方形像素】,单击【确定】按钮,如图 10-79 所示。

图 10-78　设置【不透明度】参数

图 10-79　设置【纯色】参数

㉕ 将【入】设置为 0:00:02:12,【出】设置为 0:00:03:21,【持续时间】设置为 0:00:01:10,如图 10-80 所示。

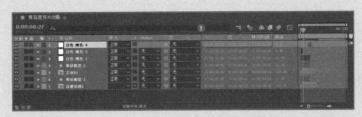

图 10-80　设置【入】【出】【持续时间】参数

26 将当前时间设置为 0:00:02:12，将【锚点】设置为 50，将【位置】设置为 1007、46，单击左侧的⏱按钮，如图 10-81 所示。

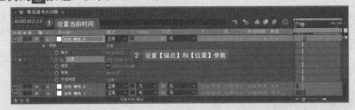

图 10-81　设置【锚点】和【位置】参数

27 将当前时间设置为 0:00:03:21，将【位置】设置为 4915、46，按 F9 键将关键帧转换为缓动帧，如图 10-82 所示。

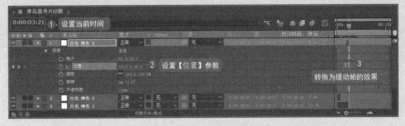

图 10-82　缓动帧效果

28 使用同样的方法制作其他图层文件，设置 TrkMat 和【父级】参数，如图 10-83 所示。

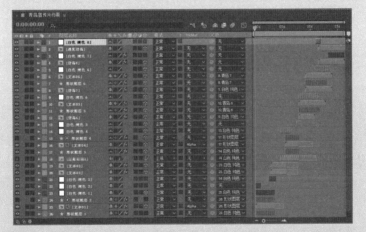

图 10-83　设置【TrkMat】和【父级】参数

> **提示一下**
>
> 　　指定父级对象后，子对象会发生相应的参数变化，用户可以拖动时间线预览效果。

10.6 制作遮罩、光晕动画

下面讲解制作遮罩、光晕动画，具体操作步骤如下。

01 按 Ctrl+N 组合键，在弹出的【合成设置】对话框中将【名称】设置为【遮罩动画】，将【宽度】和【高度】分别设置为 1920、1080，将【像素长宽比】设置为【方形像素】，将【帧速率】设置为 30，将【分辨率】设置为二分之一，将【持续时间】设置为 0:01:15:00，将【背景颜色】设置为黑色，单击【确定】按钮，如图 10-84 所示。

02 在【时间轴】面板中单击鼠标右键，在弹出的快捷菜单中执行【新建】|【调整图层】命令，将【入】设置为 0:00:00:00，【出】设置为 0:01:16:19，【持续时间】设置为 0:01:16:20，为图层添加【杂色】效果，将【杂色数量】设置为 3，单击【确定】按钮，如图 10-85 所示。

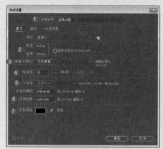

图 10-84 新建合成

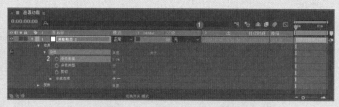

图 10-85 设置【杂色】参数

> **提示一下**
>
> 【调整图层】用于对其下面所有图层进行效果调整，当该层应用某种效果时，只影响其下所有图层，并不影响其上的图层。

03 在【时间轴】面板中单击鼠标右键，在弹出的快捷菜单中执行【新建】|【调整图层】命令，将【入】设置为 0:00:00:00，【出】设置为 0:01:16:19，【持续时间】设置为 0:01:16:20，为图层添加【曲线】【亮度和对比度】和【锐化】效果，如图 10-86 所示。

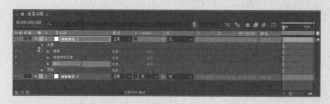

图 10-86 添加【曲线】【亮度和对比度】和【锐化】效果

04 打开【效果控件】面板，设置【曲线】，展开【亮度和对比度】选项组，将【亮度】和【对比度】分别设置为 10、5，勾选【使用旧版（支持 HDR）】复选框，将【锐化】选项组下的【锐化量】设置为 10，如图 10-87 所示。

图 10-87 设置参数

【知识链接】

　　【曲线】：曲线效果可调整图像的色调范围和色调响应曲线。色阶效果也可调整色调响应，但曲线效果增强了控制力。使用色阶效果时，只能使用三个控件（高光、阴影和中间调）进行调整。使用曲线效果时，可以通过 256 点定义的曲线，将输入值任意映射到输出值。您可以加载和保存任意图和曲线，以便使用曲线效果。

　　在应用【曲线】效果时，会在【效果控件】面板中显示一个图表，用于指定曲线。图表的水平轴代表像素的原始亮度值（输入色阶）；垂直轴代表新的亮度值（输出色阶）。在默认对角线中，所有像素的输入和输出值均相同。曲线将显示 0～255 范围（8 位）中的亮度值或 0～32768 范围（16 位）中的亮度值，并在左侧显示阴影 (0)。

05 在【时间轴】面板中单击鼠标右键，在弹出的快捷菜单中执行【新建】|【纯色】命令，将【宽度】和【高度】分别设置为 1920、1080，单击【确定】按钮，如图 10-88 所示。

06 为图层添加【填充】效果，将【颜色】设置为【黑色】，如图 10-89 所示。

图 10-88　设置【纯色】参数　　　　　图 10-89　设置填充颜色

07 在图层上单击鼠标右键，在弹出的快捷菜单中执行【蒙版】|【新建蒙版】命令，如图 10-90 所示。

08 将当前时间设置为 0:00:00:00，将【蒙版 1】设置为【相减】，单击【蒙版路径】左侧的 按钮，如图 10-91 所示。

图 10-90　新建蒙版　　　　　图 10-91　设置【蒙版 1】模式

09 将当前时间设置为 0:00:01:00，单击【蒙版路径】右侧的【形状…】，弹出【蒙版形状】对话框，将【顶部】设置为 80 像素，【底部】设置为 1000 像素，单击【确定】按钮，在【合成】面板中单击【切换透明网格】按钮，如图 10-92 所示。

10 将当前时间设置为 0:00:17:24，单击【蒙版路径】右侧的【形状…】，弹出【蒙版形状】对话框，将【顶部】设置为 100 像素，【底部】设置为 980 像素，单击【确定】按钮，如图 10-93 所示。

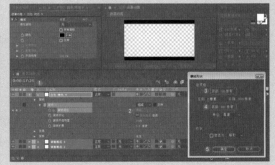

图 10-92　设置【蒙版形状】参数　　　　　　　　　　图 10-93　设置【蒙版形状】参数

提示一下

在【形状】区域中可以修改当前蒙版的形状，将其改成矩形或椭圆。

11 将当前时间设置为 0:00:31:01，单击【蒙版路径】右侧的【形状…】，弹出【蒙版形状】对话框，将【顶部】设置为 80 像素，【底部】设置为 1000 像素，单击【确定】按钮，如图 10-94 所示。

12 选择所有关键帧，按 F9 键将其转换为缓动帧，如图 10-95 所示。

图 10-94　设置【蒙版形状】参数　　　　　　　　　图 10-95　设置缓动帧

13 使用同样的方法制作光晕动画，如图 10-96 所示。

图 10-96　制作光晕动画

10.7　最终动画

下面介绍对最终效果进行设置，具体操作步骤如下。

01 按 Ctrl+N 组合键，弹出【合成设置】对话框，将【合成名称】设置为【最终动画】，将【宽度】和【高度】分别设置为 3840、2160，将【像素长宽比】设置为【方形像素】，将【帧速率】设置为 30，将【分辨率】设置为二分之一，将【持续时间】设置为 0:00:16:00，将【背景颜色】设置为黑色，单击【确定】按钮，如图 10-97 所示。

图 10-97 新建合成

02 将【背景音乐 .mp3】拖曳至【时间轴】面板中，将当前时间设置为 0:00:13:11，将【音频点平】设置为 0dB，单击左侧的 按钮，如图 10-98 所示。

图 10-98 设置【音频点平】参数

03 将当前时间设置为 0:00:15:29，将【音频点平】设置为 –33dB，如图 10-99 所示。

图 10-99 设置【音频点平】参数

04 将【青岛宣传片动画】拖曳至【时间轴】面板中，如图 10-100 所示。

图 10-100 将【青岛宣传片动画】拖曳至面板

05 将【标题文本】拖曳至【时间轴】顶层，单击【对于合成图层】按钮 ，将【位置】设置为 1920、1912，将【缩放】设置为 70，将【不透明度】设置为 60，如图 10-101 所示。

图 10-101 设置【标题文本】参数

06 为文本图层添加【填充】图层，将【颜色】设置为白色，如图 10-102 所示。

图 10-102　设置【填充】颜色

07 将【光晕动画】拖曳至【时间轴】顶层，将【缩放】设置为 200，将【不透明度】
设置为 80，如图 10-103 所示。

图 10-103　设置【缩放】和【不透明度】参数

08 将【遮罩动画】拖曳至【时间轴】顶层，单击【对于合成图层】按钮，将【缩
放】设置为 220.5，将【光晕动画】的【模式】设置为【屏幕】，如图 10-104 所示。

图 10-104　设置【遮罩动画】参数

CHAPTER 11

After Effects CC 2018 综合案例—— 婚纱摄影宣传广告

本章概述 SUMMARY

　　婚纱摄影是为客户量身打造，集服务、品质，销售于一体的摄影。本章将介绍如何制作婚纱摄影宣传广告，效果如图 11-1 所示。

■ 重点知识
导入素材
创建照片动画
创建婚纱摄影动画

案例预览

图 11-1　婚纱摄影宣传广告分镜头效果

11.1　导入素材并制作照片合成

在制作婚纱宣传片之前需要将素材文件导入至软件中，具体操作步骤如下。

01 按 Alt+Ctrl+N 组合键，新建一个空白项目，在【项目】面板中右击鼠标，在弹出的快捷菜单中选择【新建文件夹】命令，如图 11-1 所示。

02 将新建的文件夹命名为【素材】，在【项目】面板中双击鼠标，在弹出的 [导入文件] 对话框中选择随书配备资源中的素材文件，单击【导入】按钮，如图 11-2 所示。

图 11-1　选择【新建文件夹】命令　　　　　　　图 11-2　选择素材文件

03 将素材导入至【项目】面板中，将素材拖曳至【素材】文件夹中，如图 11-3 所示。

04 在【项目】面板中右击鼠标，在弹出的快捷菜单中选择【新建文件夹】命令，将新建文件夹命名为【照片合成】，如图 11-4 所示。

05 在【项目】面板中单击【新建合成】 按钮，在弹出的【合成设置】对话框中将【合成名称】设置为【照片 01】，将【预设】设置为 HDTV 1080 29.97，将【宽度】【高度】分别设置为 1920、1080，将【像素长宽比】设置为【方形像素】，将【帧速率】设置为 29.97，将【分辨率】设置为【二分之一】，将【持续时间】设置为 0:00:40:00，将【背景颜色】的 RGB 值设置为 0、0、0，单击【确定】按钮，如图 11-5 所示。

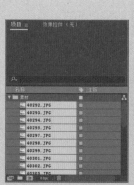

图 11-3　添加素材文件　　　　图 11-4　为文件夹命名　　　　图 11-5　合成设置

06 在【项目】面板中选择40475.JPG素材文件,按住鼠标将其拖曳至【照片01】合成中,在【时间轴】面板中将【缩放】设置为36,如图11-6所示。

07 再次创建合成【照片02】,在【项目】面板中选择40292.JPG素材文件,按住鼠标将其拖曳至【照片02】合成中,在【时间轴】面板中将【缩放】设置为34,效果如图11-7所示。

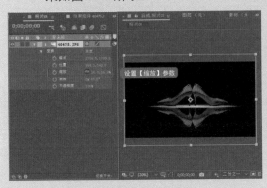

图11-6 设置【缩放】参数

图11-7 添加素材并设置【缩放】参数

08 使用同样的方法制作其他合成,并将相应的素材文件添加至合成中,效果如图11-8所示。

09 在【项目】面板中单击【新建合成】按钮,新建一个【照片09】合成文件,在【项目】面板中选择【视频01.mp4】视频文件,按住鼠标将其拖曳至【照片09】合成文件中,取消勾选【缩放】右侧的【约束比例】,将【缩放】设置为110、100,如图11-9所示。

图11-8 制作其他合成

图11-9 设置【缩放】参数

10 在【时间轴】面板中选中【视频01.mp4】视频文件,在其右侧的时间轴上右击鼠标,在弹出的快捷菜单中执行【时间】|【时间伸缩】命令,如图11-10所示。

图11-10 执行【时间伸缩】命令

11 在弹出的对话框中将【拉伸因数】设置为70，单击【确定】按钮，如图11-11所示。

12 新建一个【照片18】合成，在【项目】面板中选择【视频02.mp4】视频文件，按住鼠标将其拖曳至【照片18】合成文件中，取消勾选【缩放】右侧的【约束比例】，将【缩放】设置为109、100，如图11-12所示。

图 11-11　设置【拉伸因素】参数

图 11-12　设置视频 02

11.2　创建照片动画

下面将讲解创建照片动画，具体操作步骤如下。

01 在【项目】面板中右击鼠标，在弹出的快捷菜单中选择【新建文件夹】命令，将新建文件夹命名为【照片动画】，如图11-13所示。

02 在【项目】面板中单击【新建合成】 按钮，在弹出的【合成设置】对话框中将【合成名称】设置为【照片动画01】，将【预设】设置为 HDTV 1080 29.97，将【宽度】【高度】分别设置为1920、1080，将【像素长宽比】设置为【方形像素】，将【帧速率】设置为29.97，将【分辨率】设置为【二分之一】，将【持续时间】设置为0:00:40:00，将【背景颜色】的 RGB 值设置为0、0、0，单击【确定】按钮，如图11-14所示。

图 11-13　新建文件夹

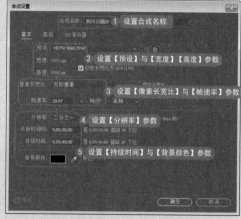

图 11-14　设置合成参数

03 在【合成】面板中右击鼠标，在弹出的快捷菜单中执行【新建】|【纯色】命令，

如图 11-15 所示。

04 在弹出的【纯色设置】对话框中将【颜色】的 RGB 值设置为 255、255、255，单击【确定】按钮，如图 11-16 所示。

图 11-15　执行【纯色】命令　　　　　　　　图 11-16　设置【纯色】颜色

05 在【项目】面板中选择【照片 01】，按住鼠标将其拖曳至【白色 纯色 1】上方，如图 11-17 所示。

06 选中【时间轴】面板中的【照片 01】，执行【效果】|【颜色校正】|【色相/饱和度】命令，如图 11-18 所示。

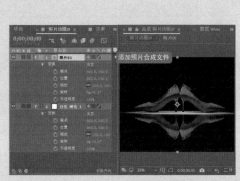

图 11-17　添加【照片 01】　　　　　　　　图 11-18　执行【色相/饱和度】命令

07 在【效果控件】面板中将【主亮度】设置为 55，效果如图 11-19 所示。

08 将当前时间设置为 0:00:00:00，单击【照片 01】下的【缩放】左侧的【时间变化秒表】按钮，将【不透明度】设置为 55，如图 11-20 所示。

图 11-19　设置主亮度　　　　　　　　图 11-20　并设置【缩放】和【不透明度】参数

09 将当前时间设置为 0:00:06:00，将【缩放】设置为 111，如图 11-21 所示。

10 将当前时间设置为 0:00:12:00，将【缩放】设置为 122，如图 11-22 所示。

图 11-21 设置【缩放】参数

图 11-22 设置【缩放】参数

11 在【时间轴】面板中选择设置完成后的【照片 01】，按 Ctrl+C 组合键进行复制，按 Ctrl+V 组合键进行粘贴，选中粘贴后的对象，在【效果控件】面板中将【主亮度】设置为 -42，如图 11-23 所示。

12 在【时间轴】面板中将复制后的对象的【不透明度】设置为 100，如图 11-24 所示。

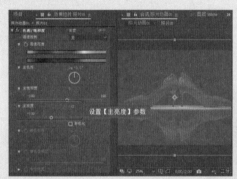

图 11-23 设置主亮度

图 11-24 设置不透明度

13 在【项目】面板中新建一个文件夹，将文件夹命名为【文字 01】，在【项目】面板中单击【新建合成】 按钮，在弹出的【合成设置】对话框中将【合成名称】设置为【文字 01】，【预设】设置为 HDTV 1080 29.97，【宽度】【高度】分别设置为 1920、1080，【像素长宽比】设置为【方形像素】，【帧速率】设置为 29.97，【分辨率】设置为【二分之一】，【持续时间】设置为 0:00:40:04，【背景颜色】的 RGB 值设置为 0、0、0，单击【确定】按钮，如图 11-25 所示。

图 11-25 创建文字合成

⑭ 在【时间轴】面板中右击鼠标，在弹出的快捷菜单中执行【新建】|【文本】命令，如图 11-26 所示。

⑮ 输入文字，创建一个文字图层，选中输入的文字，将字体设置为 DokChampa，将字体大小设置为 146，将行距设置为 77，将字体颜色设置为白色，在【段落】面板中单击【左对齐】按钮，如图 11-27 所示。

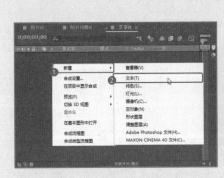

图 11-26　选择【文本】命令　　　　　　　图 11-27　创建文字图层

⑯ 选中该文字图层，右击鼠标，在弹出的快捷菜单中选择【3D 图层】命令，如图 11-28 所示。

⑰ 继续选中该图层，将【变换】下的【位置】分别设置为 948.7、571.2、0，将【缩放】设置为 109，如图 11-29 所示。

图 11-28　选择【3D 图层】命令　　　　　图 11-29　设置【位置】与【缩放】参数

⑱ 在【时间轴】面板中单击文字右侧的【动画】 ▶ 按钮，在弹出的快捷菜单中选择【启用逐字 3D 化】命令，如图 11-30 所示。

图 11-30　选择【启用逐字 3D 化】命令

19 继续选中该文字图层，单击其右侧的【动画】 按钮，在弹出的快捷菜单中选择
【全部变换属性】命令，如图 11-31 所示。

20 在【时间轴】面板中将当前时间设置为 0:00:00:00，将【范围选择器 1】下的【偏移】
设置为 -100，单击左侧的【时间变化秒表】 按钮，将【高级】下的【形状】设置为【上
斜坡】，将【缓和低】设置为 100，将【随机排序】设置为【开】，将【随机植入】
设置为 11，如图 11-32 所示。

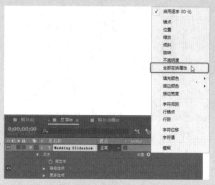

图 11-31 选择【全部变换属性】命令

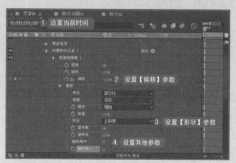

图 11-32 设置范围选择器参数

21 在【时间轴】面板中将当前时间设
置为 0:00:02:18，将【范围选择器 1】下
的【偏移】设置为 100，如图 11-33 所示。

22 在【时间轴】面板中将【范围选择
器 1】下的【位置】设置为 -422、-93、
2760，将【Y 轴旋转】设置为 192，并
调整文字的位置，如图 11-34 所示。

图 11-33 设置偏移参数

23 打开【照片动画 01】合成文件，在【项目】面板中选择【文字 01】，按住鼠标
将其拖曳至【照片 01】的上方，将【照片 01】右侧的【轨道遮罩】设置为【Alpha
遮罩 "文字 01"】，关闭【文字 01】的显示，如图 11-35 所示。

图 11-34 设置【位置】与【Y 轴旋转】参数

图 11-35 设置遮罩

24 在【项目】面板中单击【新建合成】按钮 ▦ ，在弹出的【合成设置】对话框中将【合成名称】设置为【照片动画 02】，将【预设】设置为 HDTV 1080 29.97，将【宽度】【高度】分别设置为 1920、1080，将【像素长宽比】设置为【方形像素】，将【帧速率】设置为 29.97，将【分辨率】设置为【二分之一】，将【持续时间】设置为 0:00:20:00，将【背景颜色】的 RGB 值设置为 0、0、0，单击【确定】按钮，如图 11-36 所示。

25 在【项目】面板中选择【照片 02】，按住鼠标将其拖曳至【照片动画 02】合成中，将当前时间设置为 0:00:00:00，单击【变换】下的【缩放】左侧的【时间变化秒表】 ⏱ 按钮，如图 11-37 所示。

图 11-36 设置合成参数

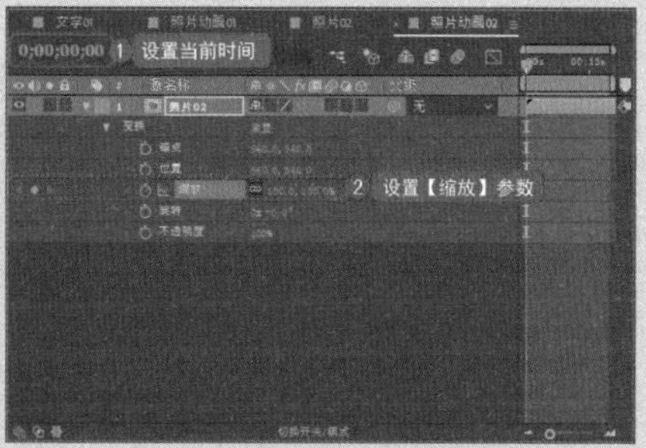

图 11-37 添加缩放关键点

26 将当前时间设置为 0:00:06:00，将【缩放】设置为 111，如图 11-38 所示。

27 将当前时间设置为 0:00:12:00，将【缩放】设置为 122，如图 11-39 所示。

图 11-38 将【缩放】设置为 111

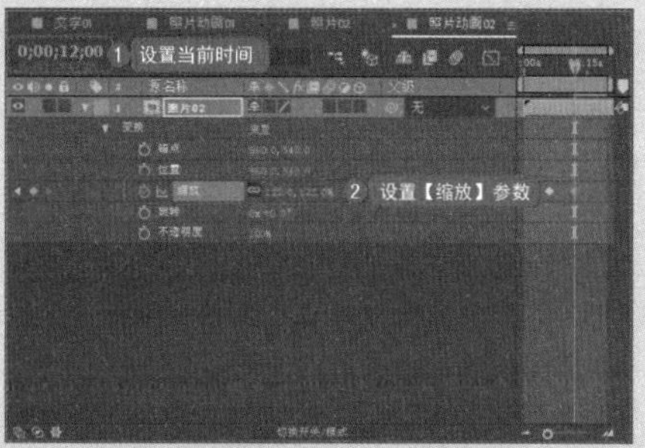

图 11-39 将【缩放】设置为 122

28 使用同样的方法制作其他照片动画合成，如图 11-40 所示。

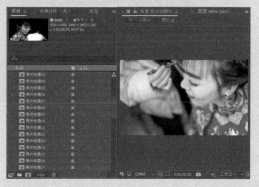

图 11-40 其他照片合成

11.3 创建婚礼宣传片动画

下面讲解创建婚礼宣传片动画，具体操作步骤如下。

01 在【项目】面板中单击【新建合成】按钮，在弹出的【合成设置】对话框中将【合成名称】设置为【婚礼宣传片】，将【预设】设置为 HDTV 1080 29.97，将【宽度】【高度】分别设置为 1920、1080，将【像素长宽比】设置为【方形像素】，将【帧速率】设置为 29.97，将【分辨率】设置为【二分之一】，将【持续时间】设置为 0:00:36:05，将【背景颜色】的 RGB 值设置为 0、0、0，单击【确定】按钮，如图 11-41 所示。

02 在【时间轴】面板中右击鼠标，在弹出的快捷菜单中执行【新建】|【纯色】命令，单击【确定】按钮，如图 11-42 所示。

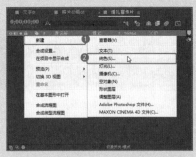

图 11-41 设置合成参数 　　　　　　　　图 11-42 执行【纯色】命令

03 在弹出的【纯色设置】对话框中，将【名称】设置为 01，将【宽度】【高度】都设置为 120，将【颜色】的 RGB 值设置为 255、255、255，单击【确定】按钮，如图 11-43 所示。

04 在【时间轴】面板中，将当前时间设置为 0:00:10:00，将 01 的时间滑块结尾处拖曳至与时间线对齐，并将其命名为 Position 1，如图 11-44 所示。

图 11-43 创建纯色 　　　　　　　　图 11-44 调整时间滑块

05 在【时间轴】面板中，将当前时间设置为 0:00:02:02，将【位置】设置为 4、3，单击【缩放】左侧的【时间变化秒表】按钮，将【缩放】设置为 149，将【不透明度】

设置为 0，如图 11-45 所示。

06 在【时间轴】面板中，将当前时间设置为 0:00:04:00，将【缩放】设置为 99.4，如图 11-46 所示。

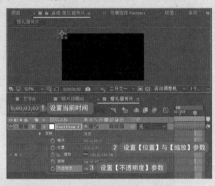 

图 11-45　设置变换参数　　　　　　　　图 11-46　设置【缩放】参数

07 在【时间轴】面板中选择【缩放】右侧的两个关键点，右击鼠标，在弹出的快捷菜单中执行【关键帧辅助】|【缓动】命令，如图 11-47 所示。

08 在【时间轴】面板中右击鼠标，在弹出的快捷菜单中执行【新建】|【纯色】命令，在弹出的【纯色设置】对话框中，将【名称】设置为 02，将【宽度】【高度】设置为 100，单击【确定】按钮，如图 11-48 所示。

图 11-47　执行【缓动】命令　　　　　　图 11-48　设置纯色参数

09 在【时间轴】面板中，将【02】命名为 P2，将当前时间设置为 0:00:04:05，将 P2 下的【锚点】设置为 0，将【位置】设置为 958、540，并单击其左侧的【时间变化秒表】按钮，将【不透明度】设置为 0，如图 11-49 所示。

图 11-49　设置 P2 变换参数

10 在【时间轴】面板中,将当前时间设置为 0:00:06:04,将【位置】设置为 958、-172,如图 11-50 所示。

11 选择【P2】右侧【位置】关键帧的关键点,右击鼠标,在弹出的快捷菜单中执行【关键帧辅助】|【缓动】命令,如图 11-51 所示。

12 在【时间轴】面板中,将 Position 1 右侧的父级对象设置为 P2,如图 11-52 所示。

图 11-50 设置【位置】参数

图 11-51 执行【缓动】命令

图 11-52 设置父级对象

13 在【项目】面板中选择 02 纯色文件,按住鼠标将其拖曳至【时间轴】面板中 P2 图层的上方,将其命名为 P3,将当前时间设置为 0:00:06:13,将 P3 下的【锚点】设置为 0,单击【缩放】左侧的【时间变化秒表】按钮,将【不透明度】设置为 0,如图 11-53 所示。

14 在【时间轴】面板中,将当前时间设置为 0:00:08:11,将【缩放】设置为 150,如图 11-54 所示。

图 11-53 设置 P3 变换参数

图 11-54 设置【缩放】参数

15 在【时间轴】面板中,将当前时间设置为 0:00:08:21,将【位置】设置为 1912.3、1078.7,单击左侧的【时间变化秒表】按钮,如图 11-55 所示。

16 在【时间轴】面板中,将当前时间设置为 0:00:10:18,将【位置】设置为 1912.3、3.7,如图 11-56 所示。

图 11-55 设置【位置】参数   图 11-56 在不同时间设置【位置】参数

17 在【时间轴】面板中选择【位置】与【缩放】右侧的关键点，右击鼠标，在弹出的快捷菜单中执行【关键帧辅助】|【缓动】命令，如图 11-57 所示。

18 在【时间轴】面板中，将 P2 右侧的父级对象设置为 P3，如图 11-58 所示。

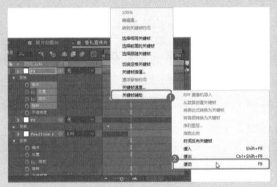

图 11-57 执行【缓动】命令   图 11-58 设置 P2 的父级对象

提示一下

按 F9 键可快速转换为缓动帧

19 使用同样的方法制作其他对象，制作后的效果如图 11-59 所示。

20 在【时间轴】面板中右击鼠标，在弹出的快捷菜单中执行【新建】|【调整图层】命令，如图 11-60 所示。

图 11-59 制作其他对象后的效果   图 11-60 执行【调整图层】命令

21 创建完成后，将该图层命名为 Control，在菜单栏中单击【效果】按钮，在弹出的下拉列表中执行【表达式控制】|【滑块控制】命令，如图 11-61 所示。

22 在【时间轴】面板中将【滑块控制】下的【滑块】设置为 8，如图 11-62 所示。

23 在【时间轴】面板中右击鼠标，在弹出的快捷菜单中执行【新建】|【纯色】命令，在弹出的【纯色设置】对话框中将【名称】设置为【过渡 01】，将【宽度】【高度】分别设置为 1920、1080，单击【确定】按钮，如图 11-63 所示。

图 11-61　执行【滑块控制】命令　　　图 11-62　设置【滑块】参数　　　图 11-63　设置纯色参数

24 在【时间轴】面板中，将当前时间设置为 0:00:00:00，将【锚点】设置为 960、0，将【位置】设置为 960、1080，取消【缩放】的约束比例，将【缩放】设置为 100、50，单击左侧的【时间变化秒表】 ⭕ 按钮，将【旋转】设置为 180，如图 11-64 所示。

25 在【时间轴】面板中，将当前时间设置为 0:00:01:25，将【缩放】设置为 100、0，如图 11-65 所示。

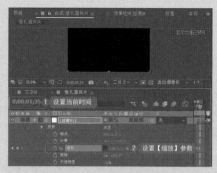

图 11-64　设置变换参数　　　　　　　图 11-65　设置【缩放】参数

26 在【时间轴】面板中选择该对象右侧的关键帧，按 F9 键，将选中的关键帧改为【缓动】，如图 11-66 所示。

27 在【项目】面板中选择【过渡 01】，按住鼠标将其拖曳至【过渡 01】图层的上方，在【时间轴】面板中，将当前时间设置为 0:00:00:00，将【锚点】设置为 960、0，将【位置】设置为 960、0，取消【缩放】的约束比例，将【缩放】设置为 100、50，单击左侧的【时间变化秒表】 ⭕ 按钮，如图 11-67 所示。

图 11-66　将关键帧改为缓动

图 11-67　设置变换参数

28 在【时间轴】面板中，将当前时间设置为 0:00:01:25，将【缩放】设置为 100、0，如图 11-68 所示。

29 在【时间轴】面板中选择【过渡 01】右侧的缩放关键帧，按 F9 键，将选中的关键帧转换为【缓动】，如图 11-69 所示。

图 11-68　设置缩放参数

图 11-69　将关键帧转为【缓动】

30 在【项目】面板中选择【光 .mp4】素材文件，按住鼠标将其拖曳至【过渡 01】图层的上方，将【变换】下的【缩放】设置为 150，将【不透明度】设置为 75，将【混合模式】设置为【屏幕】，如图 11-70 所示。

31 在【项目】面板中选择【照片动画 01】，按住鼠标将其拖曳至 Position 1 图层下方，在【时间轴】面板中选中【照片动画 01】，右击鼠标，在弹出的快捷菜单中执行【图层样式】|【描边】命令，如图 11-71 所示。

图 11-70　设置【缩放】及【不透明度】参数

图 11-71　执行【描边】命令

32 在【时间轴】面板中将【高级混合】下的【填充不透明度】设置为 0，将【描边】下的【颜色】的 RGB 值设置为 255、255、255，将【大小】设置为 8，按住 Alt 键单击【大小】左侧的【时间变化秒表】 按钮，将【位置】设置为【内部】，如图 11-72 所示。

33 在【时间轴】面板中选择【照片动画 01】，按 Ctrl+C 组合键进行复制，按 Ctrl+V 组合键进行粘贴，将粘贴后对象的【填充不透明度】设置为 100，将【描边】下的【位置】设置为【居中】，如图 11-73 所示。

图 11-72　设置描边参数

图 11-73　复制对象并进行设置

34 在【时间轴】面板中将【照片动画 01】的父级对象设置为 Position 1，将当前时间设置为 0:00:06:08，将该对象的时间滑块结尾处调整至与时间线对齐，将【锚点】设置为 0，将【位置】设置为 60、60，如图 11-74 所示。

35 使用相同的方法添加其他照片动画合成文件，并将添加的文件进行相应设置，效果如图 11-75 所示。

图 11-74　设置【照片动画 01】

图 11-75　制作其他合成文件后的效果

36 在【项目】面板中单击【新建合成】 按钮，在弹出的【合成设置】对话框中将【合成名称】设置为【婚礼宣传片】，将【预设】设置为 HDTV 1080 29.97，将【宽度】【高度】分别设置为 1920、1080，将【像素长宽比】设置为【方形像素】，将【帧速率】设置为 29.97，将【分辨率】设置为【二分之一】，将【持续时间】设置为 0:00:20:00，将【背景颜色】的 RGB 值设置为 0、0、0，单击【确定】按钮，如图 11-76 所示。

37 在【项目】面板中选择【白色 纯色 1】，按住鼠标将其拖曳至【时间轴】面板中，如图 11-77 所示。

图 11-76 设置合成参数

图 11-77 添加纯色

> **提示一下**
>
> 在制作其他合成文件时，可以通过设置 Position 1 图层的位置与缩放来调整所有对象的位置与大小。

38 在【照片动画 01】合成中选择【照片 01】对象，如图 11-78 所示。

39 按 Ctrl+C 组合键对选中的对象进行复制，切换至【结束】合成中，按 Ctrl+V 组合键进行粘贴，如图 11-79 所示。

图 11-78 选择【照片 01】

图 11-79 粘贴对象

40 在【项目】面板中选择【文字 05】合成文件，按住鼠标将其拖曳至【照片 01】图层的上方，将其轨道遮罩设置为【Alpha 遮罩"文字 05"】，如图 11-80 所示。

图 11-80 设置遮罩

41 切换至【婚礼宣传片】合成中，在【项目】面板中选择【结束】合成文件，在【时间轴】面板中将当前时间设置为 0:00:04:27，将【结束】合成时间滑块的结尾处调整至与时间线对齐，如图 11-81 所示。

42 在【时间轴】面板中将【结束】图层的入点时间设置为 0:00:31:08，如图 11-82 所示。

图 11-81　调整时间滑块

图 11-82　设置入点时间

43 将当前时间设置为 0:00:31:09，将【不透明度】设置为 0，单击左侧的【时间变化秒表】按钮，将图层的父级对象设置为 P11，如图 11-83 所示。

44 将当前时间设置为 0:00:34:02，将【不透明度】设置为 100，如图 11-84 所示。

图 11-83　设置【不透明度】及父级对象

图 11-84　设置【不透明度】参数

45 在【项目】面板中选择【背景音乐 .mp3】，按住鼠标将其拖曳至【时间轴】面板的底层，如图 11-85 所示。

46 按空格键预览效果，查看图片与文字的位置，效果如图 11-86 所示。

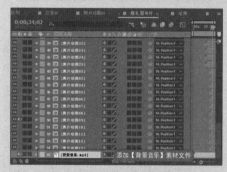

图 11-85　添加背景音乐

图 11-86　查看效果

附录　After Effects CC 2018 常用快捷键

项目窗口		
新项目 Ctrl+Alt+N	打开项目 Ctrl+O	打开项目时只打开项目窗口 按住 Shift 键
打开上次打开的项目 Ctrl+Alt+Shift+P	保存项目 Ctrl+S	选择上一子项上箭头
选择下一子项下箭头	打开选择的素材项或合成图像 双击	在 AE 素材窗口中打开影片 Alt+ 双击
激活最近激活的合成图像 \	增加选择的子项到最近激活的合成图像中 Ctrl+/	显示所选的合成图像的设置 Ctrl+K
引入多个素材文件 Ctrl+Alt+i	引入一个素材文件 Ctrl+i	增加所选的合成图像的渲染队列窗口 Ctrl+Shift+/
设置解释素材选项 Ctrl+F	替换素材文件 Ctrl+H	替换选择层的源素材或合成图像 Alt+ 从项目窗口拖动素材项到合成图像
扫描发生变化的素材 Ctrl+Alt+Shift+L	重新调入素材 Ctrl+Alt+L	新建文件夹 Ctrl+Alt+Shift+N
记录素材解释方法 Ctrl+Alt+C	应用素材解释方法 Ctrl+Alt+V	设置代理文件 Ctrl+Alt+P
退出 Ctrl+Q		

合成图像、层和素材窗口		
在打开的窗口中循环 Ctrl+Tab	显示/隐藏标题安全区域和动作安全区域 '	显示/隐藏网格 Ctrl+' 显示/隐藏对称网格 Alt+'
激活居中的窗口 Ctrl+Alt+\	动态修改窗口 Alt+ 拖动属性控制	暂停修改窗口 大写键
在当前窗口的标签间循环 Shift+,或 Shift+.	在当前窗口的标签间循环并自动调整大小 Alt+Shift+,或 Alt+Shift+.	快照（多至4个）Ctrl+F5,F6,F7,F8
显示快照 F5,F6,F7,F8	清除快照 Ctrl+Alt+F5,F6,F7,F8	显示通道（RGBA）Alt+1，2，3，4
带颜色显示通道（RGBA）Alt+Shift+1，2，3，4	带颜色显示通道（RGBA）Shift+ 单击通道图标	带颜色显示遮罩通道 Shift+ 单击 ALPHA 通道图标

显示窗口和面板		
项目窗口 Ctrl+0	项目流程视图 F11	渲染队列窗口 Ctrl+Alt+0
工具箱 Ctrl+1	信息面板 Ctrl+2	时间控制面板 Ctrl+3
音频面板 Ctrl+4	显示/隐藏所有面板 Tab	General 偏好设置 Ctrl+ "
新合成图像 Ctrl+N	关闭激活的标签/窗口 Ctrl+W	关闭激活窗口（所有标签）Ctrl+Shift+W
关闭激活窗口（除项目窗口）Ctrl+Alt+W		

时间布局窗口中的移动		
到工作区开始 Home	到工作区结束 Shift+End	到前一可见关键帧 J
到后一可见关键帧 K	到前一可见层时间标记或关键帧 Alt+J	到后一可见层时间标记或关键帧 Alt+K
到合成图像时间标记 主键盘上的 0—9	滚动选择的层到时间布局窗口的顶部 X	滚动当前时间标记到窗口中心 D

（续表）

到指定时间 Ctrl+G	合成图像、时间布局、素材和层窗口中的移动快捷键	到开始处 Home 或 Ctrl+Alt+ 左箭头
到结束处 End 或 Ctrl+Alt+ 右箭头	向前一帧 Page Down 或左箭头	向前十帧 Shift+Page Down 或 Ctrl+Shift+ 左箭头
向后一帧 Page Up 或右箭头	向后十帧 Shift+Page Up 或 Ctrl+Shift+ 右箭头	到层的入点 i
到层的出点 o	逼近子项到关键帧、时间标记、入点和出点 Shift+ 拖动子项	
合成图像、层和素材窗口中的编辑		
拷贝 Ctrl+C	复制 Ctrl+D	剪切 Ctrl+X
粘贴 Ctrl+V	撤销 Ctrl+Z	重做 Ctrl+Shift+Z
选择全部 Ctrl+A	取消全部选择 Ctrl+Shift+A 或 F2	
时间布局窗口中查看层属性		
定位点 A	音频级别 L	音频波形 LL
效果 E	遮罩羽化 F	遮罩形状 M
遮罩不透明度 TT	不透明度 T	位置 P
旋转 R	时间重映象 RR	缩放 S
显示所有动画值 U	在对话框中设置层属性值（与 P,S,R,F,M 一起）Ctrl+Shift+ 属性快捷键	隐藏属性 Alt+Shift+ 单击属性名
弹出属性滑杆 Alt+ 单击属性名	增加 / 删除属性 Shift+ 单击属性名	为所有选择的层改变设置 Alt+ 单击层开关
打开不透明对话框 Ctrl+Shift+O	打开定位点对话框 Ctrl+Shift+Alt+A	时间布局窗口中工作区的设置快捷键
设置当前时间标记为工作区开始 B	设置当前时间标记为工作区结束 N	设置工作区为选择的层 Ctrl+Alt+B
未选择层时，设置工作区为合成图像长度 Ctrl+Alt+B		
时间布局窗口中修改关键帧		
设置关键帧速度 Ctrl+Shift+K	设置关键帧插值法 Ctrl+Alt+K	增加或删除关键帧（计时器开启时）或开启时间变化计时器 Alt+Shift+ 属性快捷键
选择一个属性的所有关键帧 单击属性名	增加一个效果的所有关键帧到当前关键帧选择 Ctrl+ 单击效果名	向前移动一帧关键帧 Alt+ 右箭头
向后移动一帧关键帧 Alt+ 左箭头	向前移动十帧关键帧 Shift+Alt+ 右箭头	向后移动十帧关键帧 Shift+Alt+ 左箭头
在选择的层中选择所有可见的关键帧 Ctrl+Alt+A	到前一可见关键帧 J	到后一可见关键帧 K
合成图像和时间布局窗口中层的精确操作		
以指定方向移动层一个像素 箭头	旋转层1度 +（数字键盘）	旋转层 -1度 -（数字键盘）
放大层 1% Ctrl+ +（数字键盘）	缩小层 1% Ctrl+ -（数字键盘）	移动、旋转和缩放变化量为 10 Shift+ 快捷键

（续表）

合成图像窗口中合成图像的操作		
显示／隐藏参考线 Ctrl+;	锁定／释放参考线锁定 Ctrl+Alt+Shift+;	显示／隐藏标尺 Ctrl+R
改变背景颜色 Ctrl+Shift+B	设置合成图像解析度为 full Ctrl+J	设置合成图像解析度为 Half Ctrl+Shift+J
设置合成图像解析度为 Quarter Ctrl+Alt+Shift+J	设置合成图像解析度为 Custom Ctrl+Alt+J	合成图像流程图视图 Alt+F11
层窗口中遮罩的操作		
椭圆遮罩置为整个窗口 双击椭圆工具	矩形遮罩置为整个窗口 双击矩形工具	在自由变换模式下围绕中心点缩放 Ctrl+拖动
选择遮罩上的所有点 Alt+单击遮罩	自由变换遮罩 双击遮罩	推出自由变换遮罩模式 Enter
合成图像和实际布局窗口中的遮罩操作		
定义遮罩形状 Ctrl+Shift+M	定义遮罩羽化 Ctrl+Shift+F	设置遮罩反向 Ctrl+Shift+I
新遮罩 Ctrl+Shift+N		
效果控制窗口中的操作		
选择上一个效果　上箭头	选择下一个效果　下箭头	扩展/卷收效果控制　`
清除层上的所有效果 Ctrl+Shift+E	增加效果控制的关键帧 Alt+单击效果属性名	激活包含层的合成图像窗口 \
应用上一个效果 Ctrl+Alt+Shift+F	应用上一个效果 Ctrl+Alt+Shift+E	合成图像和实际布局窗口中使用遮罩
设置层时间标记 *（数字键盘）	清楚层时间标记 Ctrl+单击标记	到前一个可见层时间标记或关键帧 Alt+J
到下一个可见层时间标记或关键帧 Alt+K	到合成图像时间标记 0—9（数字键盘）	在当前时间设置并编号一个合成图像时间标记 Shift+0—9（数字键盘）
渲染队列窗口		
制作影片 Ctrl+M	激活最近激活的合成图像 \	增加激活的合成图像到渲染队列窗口 Ctrl+Shift+/
在队列中不带输出名复制子项 Ctrl+D	保存帧 Ctrl+Alt+S	打开渲染对列窗口 Ctrl+Alt+O
工具箱操作		
选择工具 V	旋转工具 W	矩形工具 C
椭圆工具 Q	钢笔工具 G	向后移动工具 Y
手形工具 H	缩放工具（使用 Alt 缩小）Z	从选择工具转换为笔工具 按住 Ctrl
从笔工具转换为选择工具 按住 Ctrl	在信息面板显示文件名 Ctrl+Alt+	

参 考 文 献

[1] 沈真波，薛志红，王丽芳 . After Effects CS6 影视后期制作标准教程 . 北京： 人民邮电出版社，2016

[2] 潘强，何佳 . Premiere Pro CC 影视编辑标准教程 . 北京： 人民邮电出版社，2016

[3] 周建国 . Photoshop CS6 图形图像处理标准教程 . 北京：人民邮电出版社，2016

[4] 沿铭洋，聂清彬 . Illustrator CC 平面设计标准教程 . 北京： 人民邮电出版社，2016

[5][美] Adobe 公司 . Adobe InDesign CC 经典教程 . 北京： 人民邮电出版社，2014

[6] 唯美映像 . 3ds Max2013+VRay 效果图制作自学视频教程 . 北京：人民邮电出版社，2015